HYGIÈNE

ET PERFECTIONNEMENT

DE LA

BEAUTÉ HUMAINE

DANS SES LIGNES, SES FORMES ET SA COULEUR

THÉORIE NOUVELLE

DES ALIMENTS ET BOISSONS

DIGESTION — NUTRITION

Art de développer
les formes en moins et de diminuer les formes en trop
Orthopédie — Gymnastique
Éducation physique — Hygiène des sens, etc.

PAR A. DEBAY

———

QUATRIÈME ÉDITION

———

PARIS

E. DENTU, LIBRAIRE-ÉDITEUR

PALAIS-ROYAL, 17 ET 19, GALERIE D'ORLÉANS.

———

ENCYCLOPÉDIE HYGIÉNIQUE

DE LA BEAUTÉ

PAR A. DEBAY

Les divers ouvrages de cette utile collection résument tout ce que la science a découvert de plus efficace pour combattre les diverses altérations et imperfections de la nature humaine, dans ses formes et sa couleur.

Hygiène complète des cheveux et de la barbe. 2e édit. 1 vol..... 2 50

Hygiène médicale du visage et de la peau. 3e édition. 1 vol..... 2 50

Hygiène des pieds et des mains, de la poitrine et de la taille, indiquant les moyens de conserver leur beauté. 2e édition. 1 vol...... 2 50

Hygiène et gymnastique des organes de la voix, parlée et chantée, analyse des divers moyens systématiques et médicaux, propres à développer la voix et à combattre ses altérations. Nouvelle édition. 1 vol. 3 »

Hygiène et perfectionnement de la beauté humaine. Moyens de développer et de régulariser les formes. 3e édition............. 2 50

Hygiène des baigneurs. — Histoire des bains en général chez les anciens et les modernes. — Conduite du baigneur, avant, pendant et après le bain. 4e édition. 1 vol............... 2 50

Hygiène et Physiologie du Mariage. — Histoire naturelle et médicale de l'homme et de la femme mariés. Nouvelle édition. 1 vol..... 3 »

Hygiène vestimentaire. — Les Modes et les Parures chez les Français, depuis l'établissement de la monarchie jusqu'à nos jours, précédées d'un curieux parallèle des modes chez les anciennes dames grecques et romaines. 1 vol.................... 3 »

Hygiène alimentaire. Histoire simplifiée de la digestion des aliments et des boissons, à l'usage des gens du monde. 1 vol......... 3 »

Histoire naturelle de l'homme et de la femme depuis leur apparition sur le globe terrestre jusqu'à nos jours, suivie de l'histoire des monstruosités humaines, anomalies organiques, bizarreries, explication des phénomènes les plus extraordinaires qu'offre l'économie humaine depuis la naissance jusqu'à la mort. 11e édition. 1 fort vol. gr. in-18 jésus, orné de 10 gravures.................. 3 »

Histoire des sciences occultes depuis l'antiquité jusqu'à nos jours. 1 fort volume..................... 3 »

Les influences du Chocolat, du Thé et du Café sur l'économie humaine, leur analyse chimique, leur falsification, leur rôle important dans l'alimentation. 1 vol. 2 50

Laïs de Corinthe (d'après un manuscrit grec) et **Ninon de l'Enclos,** biographie anecdotique de ces deux femmes célèbres. 1 vol..... 3 »

Les Mystères du Sommeil et du Magnétisme, ou Physiologie anecdotique du Somnambulisme naturel et magnétique. — Songes prophétiques. — Extases. — Visions. — Hallucinations. 5e édition. 1 vol...... 3 »

Nouveau Manuel du Parfumeur-chimiste. — Les Parfums de la toilette et les Cosmétiques les plus favorables à la beauté sans nuire à la santé. 1 volume.................... 2 »

Les Nuits Corinthiennes, ou les Soirées de Laïs. 1 vol. gr. in-18... 3 »

Physiologie descriptive des trente beautés de la femme, analyse historique de ses perfections et de ses imperfections. 3e édit. gr. in-18 jésus. 2 50

Philosophie du Mariage (faisant suite à l'*Hygiène du Mariage*). Etudes sur l'Amour, le Bonheur, la Fidélité, les Sympathies et les Antipathies du Mariage, etc. 1 vol. grand in-18 jésus................. 2 50

COULOMMIERS. — TYP. A. MOUSSIN ET CHARLES UNSINGER.

PRINCIPES D'ADMINISTRATION COMMUNALE ou recueil par ordre alphabétique de solutions tirées des arrêts de la Cour de cassation, des décisions du Conseil d'État, et de la jurisprudence ministérielle, en ce qui concerne l'administration des communes, mis en harmonie, avec la nouvelle instruction générale du ministère des finances, en date du 20 juin 1859; par M. P. BRAFF, ancien conseiller de préfecture, sous-chef du bureau de l'administration des communes, au ministère de l'intérieur. Deuxième édition, suivie d'un Appendice contenant la loi du 18 juillet 1837 sur l'administration municipale, les décrets des 25 mars 1852 et 13 avril 1861, sur la décentralisation administrative, une nomenclature des édits, lois, arrêtés, ordonnances et décrets concernant l'administration des communes, etc. Tome 1er. Paris, A. DURAND libraire, rue des Grès-Sorbonne, 7.

NOTE ESSENTIELLE.

L'administration du Journal reçoit un grand nombre de lettres de consultations sur des questions proposées. Elle se fait un devoir de traiter ces questions dans le Journal lorsqu'elles présentent un point de droit d'intérêt général. Mais souvent la consultation est relative à des débats qui dépendent d'une appréciation de faits et d'actes : il est impossible, dans ce cas, de publier dans le Journal une solution qui serait sans intérêt pour ses nombreux lecteurs. L'administration répond alors par lettres ; mais il est arrivé plusieurs fois que la lettre refusée par le maire, comme non affranchie, retombe à la charge de l'administration du Journal.

Pour éviter cet inconvénient, l'administration prie les consultants de demander expressément une réponse par lettre lorsque la solution ne portera pas nettement sur une question de droit, et surtout de ne pas refuser la lettre sur laquelle seront ces mots : *Administration du Journal des Communes.*—Pour avoir une réponse, il faut toujours écrire FRANCO, autrement les lettres seront refusées.

Nous engageons du reste MM. les Abonnés consultants à insérer dans leurs lettres un timbre-poste destiné à l'affranchissement de la réponse, qui ne leur coûtera ainsi que 20 c. au lieu

HYGIÈNE

ET PERFECTIONNEMENT

DE LA

BEAUTÉ HUMAINE

Coulommiers. — Imprimerie de A. MOUSSIN et Cᴴ. UNSINGER.

HYGIÈNE
ET PERFECTIONNEMENT
DE LA
BEAUTÉ HUMAINE
DANS SES LIGNES, SES FORMES ET SA COULEUR

THÉORIE NOUVELLE
DES ALIMENTS ET BOISSONS
DIGESTION — NUTRITION

Art de développer
les formes en moins et de diminuer les formes en trop
Orthopédie — Gymnastique
Éducation physique — Hygiène des sens, etc.

PAR A. DEBAY

—

QUATRIÈME ÉDITION

—

PARIS
E. DENTU, ÉDITEUR
LIBRAIRE DE LA SOCIÉTÉ DES GENS DE LETTRES
PALAIS-ROYAL, 17 ET 19, GALERIE D'ORLÉANS.

1864

DE LA BEAUTÉ

Toi que l'antiquité fit éclore des ondes,
Qui descendis des cieux et règnes sur les mondes ;
Toi, qu'après la bonté, l'homme chérit le mieux ;
Toi, qui naquis un jour du sourire des dieux,
Beauté, je te salue !...

Delille.

Le poëte Lucrèce avait dit :

« Volupté des dieux et des hommes, ô Vénus ! Sous la voûte resplendissante d'étoiles innombrables, au sein des mers et sur les champs que dorent les moissons, tu répands également tes bienfaits. C'est toi qui donnes la vie à tous les êtres, qui ouvres leurs yeux à la brillante lumière du soleil. O déesse de la beauté ! devant toi les aquilons se taisent, les nuages se dissipent, le ciel découvre son riant azur, et la terre, pour te fêter, se pare de mille fleurs... »

L'antiquité païenne divinisa la beauté, dont le culte se répandit chez toutes les nations, culte aimable toujours entouré de sourires et d'amour, de poésie et de fleurs. Si, chez nous, peuples modernes, la beauté n'est plus une divinité adorée dans nos temples, on ne saurait nier qu'elle ne soit une idole à laquelle on sacrifie sans cesse et toujours ; car de la beauté naît l'amour, et l'amour est le souffle que Dieu lança

1

pour féconder l'univers. Cependant, il existe des êtres si absurdes, si jaloux des joies et des plaisirs les plus innocents, qu'ils supprimeraient l'amour et la beauté s'ils pouvaient avoir, un instant, la direction de notre planète. Fermons à jamais l'oreille à ces voix hypocrites ou insensées, fuyons ces êtres chagrins, ces sages par impuissance; leur haine contre ce qui fait le bonheur et l'ornement du monde restera toujours stérile : ils ne méritent que mépris ou pitié.

DE LA
BEAUTÉ HUMAINE

CHAPITRE PREMIER

APERÇU ANTHROPOLOGIQUE.— FEMME ET HOMME PRIMITIFS.

**Progrès successifs de la famille humaine dans l'ordre
physique et intellectuel.**

De même que toutes les choses perfectibles, la
beauté humaine est soumise à la loi du progrès; la'
beauté de la forme se perfectionne ; se conserve, se
dégrade, selon les climats et milieux que l'homme
habite; selon la richesse, l'exposition du sol et les
aliments dont il se nourrit; selon les mœurs, les institutions et le degré de civilisation plus ou moins
favorables au complet développement de son organisation physique.

Les premières familles humaines qui peuplèrent
la terre étaient loin d'offrir *l'eumorphie* ou beauté de
formes, qui distingua, plus tard, les nations civilisées ; c'est ce que nous allons essayer de démontrer.
Mais, pour donner la raison de ces faits, il est indispensable de tracer le tableau résumé de la succession

des êtres sur le globe terrestre, au point de vue des grands naturalistes. Laissant donc de côté les cosmogonies anciennes et les vieux livres génésiaques des diverses religions, qui traitent de l'anthropogénie à leur manière, selon les lumières du temps et le but que leurs auteurs se proposaient d'atteindre, nous ouvrirons le grand livre de la nature et y trouverons écrites ces vérités : *La vie marche toujours du simple au composé.* D'abord, la vie par absorption capillaire, vie végétative attachée invariablement au sol ; puis la vie un peu plus développée du zoophyte, vie mixte entre la plante et l'animal ; ensuite la vie des êtres d'un ordre plus avancé, qui se meuvent et ont l'instinct de conservation ; immédiatement après, celle des grands animaux avec des instincts plus développés ; enfin, la vie de l'homme, la plus complète de toutes et qui doit être considérée comme le dernier et sublime effort de la force créatrice.

C'est aux études géologiques de nos savants modernes que nous devons la connaissance de ces vérités ; l'autopsie terrestre leur a découvert le vaste monde des fossiles, autrefois vivant à la lumière, et aujourd'hui enfoui dans les entrailles de la terre, par couches successives, toujours du simple au composé ; c'est-à-dire les êtres de l'ordre supérieur superposés aux êtres de l'ordre immédiatement inférieur. Parmi les débris des innombrables existences antédiluviennes, les traces de l'homme ne se rencontrent nulle part ; sa création est donc postérieure aux grands cataclysmes qui, dans les temps primordiaux, ont bouleversé le globe. Une foule d'espèces différentes devaient naître, se succéder, disparaître, pour préparer les milieux et les rendre propres à la vie des espèces qui existent aujourd'hui. Tous ces faits démontrent qu'il est dans l'essence de la force créatrice de ne procéder que par dégrés successifs, sans interruption intermédiaire, et que l'ordre immuable, absolu, qui est l'attribut de cette force, rend impossible l'évolution animale C, sans que les évolutions A et B n'aient préalablement eu lieu. C'est en vertu de cette loi immuable que l'immense chaîne des êtres est composée d'anneaux parfaitement gradués et se succédant les uns aux autres, sans aucune interruption dans la continuité. Or, le zoophite est le premier anneau de cette chaîne, et l'homme en est le dernier; en d'autres termes : le zoophite représente la vie animale à son point de départ, les autres animaux, dans leur ordre successif, représentent chaque progrès jusqu'à l'homme, qui s'offre comme la dernière évolution ou le terme le plus avancé de la vie animale.

Partant de ce principe, l'espèce humaine est irréfragablement soumise à la loi de progression ; très-imparfaite d'abord, elle a dû marcher de progrès en progrès pour arriver au point qu'elle atteignît plus tard. Et, en effet, l'induction anthropologique semble affirmer que les premiers *bimanes*, ou hommes primitifs, différaient peu de l'espèce immédiatement au-dessous d'eux. Semblables aux êtres de l'échelon inférieur par les besoins de l'organisation, ils ne s'en éloignaient que par le développement et la perfectibilité des organes cérébraux. Sans cesse en lutte contre les éléments, les intempéries et les animaux qui leur disputaient une proie, ils vécurent longtemps dominés par l'instinct de conservation et sans cesse occupés à chercher des aliments et un abri. Que de siècles durent s'écouler avant que l'espèce humaine, formée d'abord de familles isolées, errantes, pût se réunir en peuplades et enfin se constituer en nations puissantes ! Que de siècles !... Les traditions, toujours grossies de fables, la théologie et la métaphysique la plus subtile sont impuissantes à déterminer les époques de la nature; il n'appartient qu'aux savants géo-ethnographes de préciser les révolutions du globe et de supputer la succession des temps qui se sont écoulés depuis l'apparition de la première famille humaine jusqu'à la fondation du premier empire. Il résulte de leurs travaux que, loin de déroger à la loi de progression qui régit l'univers, l'homme en est au contraire l'éclatante manifestation; et l'on doit conclure que l'homme primitif, vivant sous la dépendance de l'instinct, ne pouvait être arrivé d'emblée au point de perfection qu'il atteignit plus tard, à moins de le faire sortir du sol, comme Minerve tout armée du front de Jupiter, fables qui n'ont plus cours au temps où nous vivons.

Nous nous hâtons de terminer une digression beaucoup trop aride pour un ouvrage tel que celui-ci, et renvoyons les lecteurs qui désireraient de plus amples détails sur la formation du globe terrestre et sur l'apparition de l'homme sur notre planète à notre *Histoire naturelle de l'homme et de la femme* (1).

Après une longue suite de siècles, lorsque, par

(1) *Histoire naturelle de l'homme et de la femme depuis leur apparition sur le globe. Des Métamorphoses humaines et des Monstruosités*, 1 gros vol. orné de 12 grav. Prix : 3 fr. 50 cent.

leurs continuelles migrations, les familles humaines eurent peuplé diverses régions du globe, les races se constituèrent selon le degré de latitude et les qualités du sol. C'est alors que la forme humaine acquit un beau développement, se perfectionna dans certaines contrées, tandis que dans d'autres elle resta à son type primitif ou se dégrada sous l'influence des causes altérantes.

Il est unanimement constaté que les habitants des zones tempérées sont, en général, mieux faits et plus intelligents que les peuplades rabougries des zones glaciales, et que les populations énervées des climats ardents. Les pays fertiles, bien exposés, fournissant à leurs habitants une nourriture saine et abondante, sont des plus favorables à la beauté humaine, tandis que les contrées stériles, malsaines, s'opposent à son développement et la dégradent. Les nations où les mœurs et la liberté règnent, où les institutions gymnastiques sont en honneur, se font remarquer par la force et la beauté physique, le courage et toutes les vertus. Tels furent les Grecs et les Romains, à qui nous devons notre civilisation moderne. Les Grecs surtout, aux temps de leurs glorieuses républiques, atteignirent le point culminant de la beauté. Ce fut Solon, ce fameux législateur d'Athènes, qui, le premier, posa les bases d'un plan d'éducation propre à perfectionner l'homme. Les lois qu'il fit à cet égard avaient deux objets, dont l'un était de donner la santé, la force et la vigueur aux organes, par la frugalité et la gymnastique; l'autre était d'orner l'esprit, et de former les mœurs par l'éloquence et la morale. Les marbres qui nous sont parvenus de ce peuple d'artistes nous offrent la forme humaine dans sa beauté presque idéale. Les Égyptiens, au contraire, aveugles esclaves, attelés au joug d'une lourde théocratie, ne franchirent jamais les limites de leur organisation physique primitive ; ils restèrent constamment laids, lorsque les Grecs dont ils étaient les ancêtres, devinrent beaux, grands, superbes. Il en fut de même pour les autres peuples qui, à l'amour des arts, joignirent celui de la liberté.

Ainsi donc, il reste acquis à l'histoire naturelle de l'homme que la physionomie propre aux différents peuples de la terre doit son origine à la nature du climat, du sol, des aliments et à l'état plus ou moins parfait de civilisation. Une vie toute sensuelle, à la manière des brutes, et continuée pendant des siècles sur des plages brûlées du soleil, a déformé le visage du nègre et allongé ses mâchoires en museau. Les froids excessifs des régions polaires ont également aplati la face de leurs habitants et arrêté le développement de leur charpente osseuse. Au contraire, la vie civilisée sous des cieux tempérés, sur un sol fertile, donne aux hommes un visage droit et régulier, un corps bien fait et de larges facultés intellectuelles. Après qu'une longue habitude eut modifié l'organisation primitive et naturalisé l'organisation acquise, le cachet physionomique des diverses races humaines resta désormais indélébile. Néanmoins, la constitution éprouva toujours l'influence très-marquée des aliments, des lieux et des mœurs ; aussi les habitants des heureux climats du Péloponèse, de l'Ionie, de l'Espagne, de

l'Italie, de la France méridionale, etc., sont naturellement beaux, vifs et dispos, tandis que les peuples
qui habitent les vallées marécageuses ou qui respirent incessamment un air humide, épais, tels que
les anciens Béotiens, les Belges, les Hollandais,
etc., sont, en général , d'une constitution lourde.
Un climat doux, uniforme, imprime aux traits et
aux caractères sa douceur et son uniformité ; les
peuples qui habitent les magnifiques plateaux de
l'Asie en donnent un exemple. L'air vif et pur des
montagnes rend l'homme robuste, agile, fier, âpre
et sauvage : les Spartiates, les Helvétiens, les populations des Pyrénées, du Caucase, etc., joignent
à une grande énergie physique un invincible amour
pour la liberté.

C'est, en grande partie, à l'influence du climat
qu'est due la différence dans le caractère des nations,
et cette différence est d'autant plus tranchée, que
l'influence climatérique est plus puissante. De là
sont nés ces proverbes dessinant la physionomie de
chaque nation : — Le Français, de même que l'ancien Grec, est léger, mobile, inconstant, mais
spirituel, aimable et d'une politesse recherchée.
— L'Anglais est froid, positif, grand, généreux et
dévoué lorsqu'il s'agit de l'intérêt de son pays. —
L'Espagnol se montre grave et superbe. — L'Italien
souple, adroit. — Le Hollandais flegmatique. —
L'Allemand abstrait, réfléchi, opiniâtre. — Le Russe
offre, dans un corps robuste, la grandeur d'âme
des peuples primitifs. — Le Turc est grave, posé et
d'une bonne foi proverbiale. — L'Arabe est sec,
nerveux, défiant, emporté, indomptable, etc., etc.

Les aliments et boissons exercent une immense influence sur l'organisation, puisque ce sont eux qui entretiennent la vie, en réparant les pertes que le corps fait incessamment par les excrétions. La *bromatologie*, ou art des aliments, forme une des parties essentielles de l'hygiène des formes: car, c'est au moyen des aliments et du régime qu'on peut changer complétement les formes, les augmenter, les diminuer; diriger la nutrition sur tel tissu, tel système, en priver tel ou tel autre, activer la vie, la précipiter ou la retarder, etc. Or, cette partie de notre ouvrage exigeant d'amples détails, nous lui consacrerons, plus loin, un chapitre spécial.

CHAPITRE II

Qu'est-ce que la beauté ?

Cette question si simple, si facile à résoudre, en apparence, a été cependant l'écueil de beaucoup de savants, qui n'ont pu l'encadrer dans une définition strictement logique ; et cela parce que les qualités qui constituent la beauté, loin d'être les mêmes pour tous, varient, au contraire, selon les peuples et les climats, selon les hommes et leur degré d'aptitude à saisir, à discerner. En effet, ce qui est beau pour telle nation ne l'est point pour telle autre ; ce qui embellit cette chose enlaidirait cette autre ; les beautés isolées et la beauté d'ensemble que saisissent, au premier coup d'œil, l'artiste et le connaisseur, restent à jamais cachées aux yeux du vulgaire ignorant, etc., etc.

La plupart des philosophes anciens et modernes ont défini la beauté d'une manière si obscure, qu'il est difficile d'en avoir une idée nette. Les définitions spiritualistes sont toujours si vagues, si ambiguës, si profondément nébuleuses ; que, loin d'élucider la question, elles ne font que l'obscurcir, l'embrouiller. Ainsi, par exemple, quand Platon nous dit :

« Le beau, c'est la splendeur du vrai. » Puis il ajoute : — « Il est impossible que les choses qui sont réellement belles ne nous paraissent pas belles, surtout lorsqu'elles sont douées de ce qui fait qu'elles nous paraissent belles. »

Cela nous fait-il connaître les qualités essentielles de la beauté ? Et dans cette autre définition d'un spiritualiste moderne :

« La beauté proprement dite, c'est l'essence de l'esprit, » y voyons-nous plus clair ?

O physique ! disait Newton, *préserve-moi de la métaphysique.*

Cette prière du savant illustre est la plus mordante épigramme faite contre ceux qui, abandonnant le monde sensible, s'élancent imprudemment dans l'infini sans guide ni boussole. Ils peuvent se comprendre eux-mêmes, mais, à coup sûr, ils restent incompris de la foule.

L'idée de beauté ne pouvant être exactement la même pour toutes les intelligences, puisque les qualités constituantes de la beauté sont diversement appréciées, il devait en résulter une variété de définitions dont nous rapporterons les principales.

— La beauté du corps consiste dans l'*eurythmie* ou proportions, dans la symétrie, les rapports des parties et l'harmonie de l'ensemble.

— La beauté est un tout parfait dans sa forme, ses proportions, ses rapports et sa couleur.

— La beauté réside dans le parfait rapport des parties avec le tout et du tout avec les parties.

— La beauté est une qualité des corps qui agit

mécaniquement sur l'esprit par l'intervention des sens, et force à l'admiration.

— La beauté n'est autre chose que la puissance d'un objet, propre à exciter en nous la perception des rapports.

Comme on le voit, toutes ces définitions laissent à désirer, et ne sont que l'expression des diverses manières de sentir des hommes de goût qui les ont formulées.

D'après nous, la beauté, en général, est l'accord parfait des parties avec le tout et du tout avec les parties. De cet harmonieux accord entre les formes, les proportions, les rapports et les couleurs, résulte la beauté selon l'art. — Mais, selon les goûts de l'individu et les mœurs des différents peuples, la beauté n'est autre chose que la réunion des qualités propres à agir d'une manière agréable sur les sens et l'âme ; c'est-à-dire à charmer les yeux et à inspirer un sentiment d'amour ou d'admiration.

Cette définition, plus générale que les précédentes, embrasse, d'une part, toutes les conditions exigées, telles que régularité symétrique dans les formes et les lignes ; harmonie dans les proportions, les rapports et les couleurs, enfin, l'expression, l'agrément ou la grâce. D'une autre part, elle s'accorde parfaitement avec l'idée que les hommes de tous pays peuvent avoir de la beauté et rend aussi les diverses impressions que la vue peut leur faire éprouver.

La définition donnée, il nous reste à décrire sommairement les diverses qualités que nous venons d'énumérer.

FORMES, PROPORTIONS, RAPPORTS

La **forme** résulte de la surface, des lignes et des contours ; elle est une des manifestations ou propriétés de la matière.

La **proportion** se traduit par l'équilibre symétrique des diverses parties d'un tout.

Les **rapports** ne sont que la liaison et l'accord parfait des parties entre elles, de manière à composer un tout harmonieux.

La beauté des formes l'emporte sur celle des couleurs, parce qu'il y a dans l'ondulation des lignes et la souplesse des contours, un attrait qui caresse les yeux, un charme qui séduit, une volupté qui enivre. C'est pour cela qu'une belle statue impressionnera plus vivement qu'une belle peinture. Cette supériorité de la forme sur la couleur ressort de plusieurs traits historiques incontestables.

Timothée, allant disputer le prix aux jeux olympiques, attire l'admiration de tous les spectateurs par la fraîche couleur de son visage ; mais, lorsqu'il s'est dépouillé de ses vêtements, pour entrer dans la lice, tous les yeux se fixent sur son corps, dont les admirables proportions l'emportaient sur la fraîcheur et la beauté du visage.

L'effet électrique, produit par le beau corps de *Phryné* sur ses juges, est une autre preuve éclatante de la puissance de la beauté des formes, car *Phryné* avait la peau jaunâtre, comme l'indique son nom.

Couleur. — La couleur, quoique moins indispensable à la beauté que la forme, est celle des qualités que l'œil aperçoit de prime abord et saisit plus aisément ; tout le monde la distingue et l'apprécie, tandis qu'il n'en est pas ainsi pour la forme, l'expression et la grâce, qui demandent une certaine aptitude et des connaissances. Une belle carnation, un beau teint dans l'échelle chromatique de la beauté, est une parure de premier ordre. L'admiration qu'une belle carnation nous cause dépend autant de la couleur que de l'idée qu'elle fait naître d'une riche santé.

Les diverses teintes qui composent la couleur de la peau ne doivent pas être trop prononcées ; les teintes les plus douces et les mieux fondues sont les plus belles. Dans un beau teint, le blanc, le rose, et l'azur des veinules s'isolent, s'allient et se fondent par des nuances insensibles ; la couleur noire des cils, sourcils et cheveux, tranche sur l'albâtre de la peau et en fait ressortir la blancheur. C'est pour ce motif que la peau blanche de la femme brune a plus d'éclat que celle de la blonde.

L'expression ou manifestation extérieure des impressions de l'âme est, à proprement parler, le langage des muscles. Les poses, les attitudes, les gestes, les divers mouvements de la tête et des membres, ont un langage qui, soumis à des règles, compose la mimique. C'est surtout dans les yeux et les traits du visage que viennent se refléchir les affections psychiques. D'après nos habiles physionomistes, la plus belle expression du visage résulte d'un mélange égal de joie, d'amour et de douceur. Un beau visage, avec une expression dure ou déplaisante, perd la moitié de ses charmes. Un visage immobile semble privé de vie. Le mouvement et l'expression animent la forme humaine, le repos absolu la pétrifie.

Grâces. — Les anciens Grecs représentaient les Grâces comme compagnes inséparables de Vénus : voulant indiquer par cette allégorie qu'elles faisaient partie intégrante de la beauté parfaite, et qu'elles en étaient le plus précieux ornement, l'attrait le plus délicat. Hésiode les avait dénommées : *Aglaé*, c'est-à-dire beauté brillante ; — *Euphrosine*, beauté douce et tendre ; — *Thalie*, beauté pleine de vivacité. Le corps de ces charmantes déesses était couvert d'une robe légère et transparente, afin qu'on pût admirer leur taille souple et déliée : toujours jeunes et riantes toujours simples et modestes, elles se tenaient par la main et ne se quittaient jamais.

Les grâces ornent l'esprit et le corps ; elles se rencontrent dans toutes les manifestations de la vie, aussi bien dans le langage parlé que dans le langage d'action ; on les retrouve dans les diverses expressions physionomiques, dans le jet des draperies, les ajustements et parures. Ce sont elles qui donnent la rondeur aux mouvements, la légèreté à la démarche, la souplesse aux membres, la facilité aux gestes, l'aisance au maintien, aux manières ; l'élégance aux attitudes et aux poses, etc. Jetées comme une gaze légère sur la forme humaine, les grâces font deviner une éducation soignée, une intelligence ouverte et une harmonieuse consonnance du physique et du moral.

Il y a une grâce semée sur chaque trait et attachée à chaque mouvement du corps, c'est cette grâce qui plaît et séduit, qui captive les yeux et allume l'amour. Si les Françaises, sans être les plus belles, l'emportent sur les autres femmes du monde, c'est parce qu'elles sont les plus gracieuses. Il résulte de ce que nous venons de dire que la grâce est le complément indispensable de la beauté : elle est au corps ce que les parfums sont aux fleurs.

Nous terminerons, toutefois, cette argumentation en avouant qu'une définition de la beauté ne saurait être mathématique, attendu que l'exacte appréciation de la beauté est une affaire de goût, de sentiment et d'aptitude.

L'idée que les anciens avaient de la beauté était grande, élevée; ils ne la considéraient pas simplement, chez l'homme, comme un assemblage symétrique de perfections matérielles, ils la complétaient par l'adjonction des perfections morales. En effet, la beauté ne consiste pas dans telles formes, telles proportions déterminées ; mais, dans l'harmonie et les rapports de ces formes avec l'ensemble des fonctions et facultés de l'individu ; ce qui conduit logiquement à cette conséquence que la beauté est l'expression sensible des perfections de l'être.

Plusieurs philosophes de l'antiquité pensaient que la beauté réelle excluait généralement les vices et les passions mauvaises; que la laideur, au contraire, les laissait pressentir. Ce qui est beau est bon, disaient-ils, hormis les exceptions, et c'est sans doute la vérité bien reconnue de ce principe, qui a fait que, dans tous les temps, la beauté exerça une puissance irrésistible sur les hommes.

Ce fut surtout en Grèce que la beauté obtint les plus éclatants triomphes. Dans aucun pays du monde elle ne reçut de plus brillants hommages et n'inspira un plus ardent enthousiasme. Là, une belle femme était l'objet d'un culte réel : on la déifiait. Les artistes s'empressaient de multiplier les marbres qui représentaient les beautés et perfections de son corps, les historiens et les poëtes lui assuraient l'immortalité. Ouvrez l'histoire et voyez Laïs subjuguant par ses charmes, les vertus les plus autères, les cœurs les plus insensibles ; Aspasie attirant autour d'elle les plus grandes célébrités de son époque et faisant éclore les merveilles du siècle de Périclès ; Phryné désarmant ses juges éblouis de l'éclat de sa beauté ; Lamia rivant des chaînes à l'inconstant Démétrius ; Rhodope épousant Psammeticus et montant sur le trône des Pharaons ; et tant d'autres beautés célèbres qui obtinrent des autels.

Plusieurs influences contribuèrent puissamment à perfectionner la beauté physique parmi les Grecs : d'abord les soins auxquels la femme était assujettie pendant sa grossesse ; les vêtements amples, sans ligature et n'exerçant aucune compression ; les charmantes sculptures qui frappaient sans cesse ses regards et lui offraient la forme humaine dans toute sa beauté. Et puis, la gymnastique, faisant partie de l'éducation publique ; les jeunes hommes s'exerçant nus, dans les gymnases ; les femmes Spartiates se disputant le prix de la lutte, sans autre voile que celui de la pudeur, et fournissant d'excellents modèles aux artistes ; enfin, l'amour, la passion qui animait ce peuple pour la beauté et qui le porta à ériger des honneurs incroyables à ceux qui la possédaient au suprême degré. Tout cela dut nécessairement perfectionner la race des Hellènes. Parmi les exemples d'honneur décernés à la beauté, on cite celui de Phryné, dont la statue était adorée dans le temple de Delphes, et celui de Philippe de Crotone, qui, déifié de son vivant par les habitants de Ségeste, reçut un culte et des sacrifices.

Tel était chez la nation grecque l'empire de la beauté, qu'on défendait aux artistes, sous des peines sévères, de représenter des personnes laides ou des sujets grotesques : tandis que, d'un autre côté, les législateurs cherchaient à perpétuer, par l'émulation et les récompenses, l'amour du beau en instituant des fêtes où les deux sexes venaient se disputer le prix de la beauté. A Lesbos, à Ténédos, à Élis, à Mégare et autres villes du Péloponèse, celui ou celle qui obtenait le prix était porté en triomphe et recevait des honneurs presque divins.

Et qu'on n'aille pas croire que ces récompenses fussent décernées à la beauté de l'enveloppe seule : les Grecs étaient trop justes appréciateurs et juges trop éclairés pour en agir de la sorte. Aussi, lisons-nous cette sentence prononcée par le juge en couronnant le vainqueur :

« *Celui-là seul a mérité le prix de la beauté, qui renferme une âme vertueuse dans un corps plein de vigueur et de beauté.*

« *Celle-là seule est digne du prix, qui joint à la beauté du corps celle de l'âme.* »

Nous nous rangeons à l'opinion de ceux qui professent que la beauté est généralement inséparable de la santé et de la bonté; qu'une belle personne, dans toute l'extension du mot, doit réunir les qualités physiques et morales propres à attirer l'admiration, la sympathie, l'amour ; parce qu'une personne bien organisée physiquement doit l'être aussi moralement. Une telle organisation doit annoncer la paix du cœur, la sérénité de l'âme, des penchants aimables, des passions douces et d'heureuses dispositions pour ses semblables.

Une belle personne ne saurait donc être vicieuse par nature, hormis l'exception ; et si, dans notre société, il n'est pas rare de voir le contraire, c'est-à-dire de rencontrer un beau corps cachant une âme perverse, il ne faut pas en accuser la nature, mais bien la société elle-même, qui, par ses mille influences, a détruit l'harmonie du charmant ouvrage de la nature ; la société vicieuse, qui, de son souffle impur, a gâté le cœur sans endommager l'enveloppe, qui a tari le parfum sans ternir la couleur.

BEAUTÉ LOCALISÉE

Chaque objet, chaque être, qu'il soit le produit de la nature ou de l'art, peut offrir un ensemble harmonieux : une fleur, un édifice, un animal, ont un genre de beauté qui leur est propre. Dans la beauté localisée à la forme humaine, le concours des lignes courbes ou ondoyantes, des proportions et des rapports, des couleurs et des teintes, est indispensable. On a dit que les lignes courbes étaient à la beauté ce que la lumière est au jour. En effet, si l'on part d'un type qui les réunit harmonieusement, comme les marbres de Vénus et d'Apollon, pour descendre au type le plus laid, celui de Vulcain et des Gorgones, on aperçoit les courbes diminuer graduellement, devenir rares et se convertir en lignes droites, d'où résultent les formes sèches, anguleuses, grotesques, caricaturales.

Ce contraste des lignes courbes et droites n'avait point échappé à notre grand versificateur Delille, qui, au sujet de l'imagination, s'exprime ainsi :

. . . .
Des formes dont les traits la séduisent toujours,
La courbe, par sa grâce et ses moëlleux contours,
Rit le plus à ses yeux. Dans leurs bornes prescrites,
Les angles, les carrés font trop voir les limites,
Et, dans l'allongement de son cours ennuyeux,
La triste ligne droite importune les yeux ;
Mais, sur d'heureux contours glissant avec mollesse,
D'une courbe facile elle aime la souplesse.

Le peintre Hogarth, dans son *Analyse de la beauté*, prétend avoir découvert en quoi consiste la beauté des formes. C'est, selon lui, de la combinaison des lignes droites avec les courbes que résulte la beauté ou la difformité du corps. Cette combinaison forme les lignes ondoyantes ou d'inflexion qui ont toutes leur genre de beauté.

Parmi ces lignes, il en est une qu'on peut appeler la ligne *serpentine* ou de circonflexion, c'est, à proprement dire, la ligne des grâces. De la présence ou de l'absence des lignes serpentines et ondoyantes dépend la beauté ou la laideur. Les lignes des grâces ne se montrent, nulle part, avec autant d'avantage que sur un beau corps de femme, surtout au visage, au cou, à la poitrine, etc., où tout n'est qu'inflexions, ondulations suaves et ravissants contours.

De Piles, dans son *Histoire des Peintres*, a eu l'idée assez originale de dresser une échelle, dont les différents degrés indiquent les progressions de la beauté, jusqu'à sa perfection. Cette échelle est composée de cent degrés : dix pour la couleur, vingt pour la forme et les proportions, trente pour l'expression, et quarante pour les grâces. D'où il résulte que la personne qui dépasse certains chiffres, mais reste en arrière des autres, n'est point une beauté accomplie ; et d'où l'on peut conclure que la beauté parfaite, absolue, n'existe point chez une seule et même personne.

BEAUTÉ RELATIVE

Selon les âges, les sexes, les climats et les races, les caractères de la beauté varient. — L'enfance, la jeunesse, la virilité et la vieillesse, ont chacune leur beauté relative. — La beauté féminine diffère complétement de la beauté masculine. — Les races blanches, jaunes, bronzées, noires, possèdent chacune un genre de beauté spéciale à leur type ; d'où il résulte que ce qui est beau pour l'une serait très-laid pour l'autre. Ainsi, l'Européen regarde la blancheur de la peau comme une qualité ; le nègre n'estime qu'une peau noire. Le premier peint ses diables en noir, pour les rendre plus hideux ; le second les enveloppe d'une peau blanche. — La forme ovale du visage est la plus belle, selon nous, tandis que c'est la forme ronde pour les Kalmouks. — Les beaux yeux bien fendus et gardant la ligne horizontale sont pour les Européens une perfection, le Chinois les méprise souverainement et n'aime que les yeux obliques à demi ouverts, etc.

Cette variété d'opinions s'explique aisément : il est naturel, en effet, que chaque race, chaque peuple, soit persuadé de la supériorité de son physique, et cela est tellement vrai, que toutes les nations ont donné et donnent encore aux dieux qu'elles représentent, leur physionomie et même leurs vêtements.

Les charmantes divinités olympiennes font reconnaître un peuple d'artistes, chez lequel la beauté des formes avait acquis un haut degré de perfection. La figure des dieux scythes et des autres peuples barbares annonçait une organisation inférieure à celle des Grecs. L'Éthiopien, le Cafre et toute la race nègre fabrique ses dieux sur son modèle, avec un nez écaché, de grosses lèvres, des pommettes saillantes, etc.

Les dieux chinois sont obèses à l'instar des plus gros mandarins ; les déesses, au contraire, sont émaciées, parce qu'en Chine les conditions de beauté sont la corpulence chez l'homme et la maigreur chez la femme. Il en est ainsi partout ; le type national est le plus beau ; la forme qui s'en éloigne est imparfaite.

Maintenant, si nous envisageons la beauté relative sous son second aspect, nous voyons qu'elle dépend encore du mode impressionnel propre à chaque individu, c'est-à-dire que celui-ci trouve dans telle physionomie un attrait séduisant, un charme qui l'attire et le force à l'admiration, à l'amour, tandis que celui-là n'y découvre rien qui puisse réveiller en lui des sentiments analogues ; de telle sorte que l'un se passionne et l'autre reste indifférent pour le même objet. Ces deux modes d'être affecté ont leur source dans une sage loi de la nature; car, si les qualités de la beauté étaient les mêmes pour tous les hommes et les impressionnaient de la même manière, il n'y aurait alors d'admiration, d'amour, que pour les quelques sujets qui réuniraient ces qualités, et la nature a voulu, au contraire, que tous les êtres s'attirassent les uns vers les autres, pour se charmer et s'aimer réciproquement; c'est dans ce but qu'elle imprima au cœur des deux sexes un mode différent d'être affecté, un mode différent de sentir. Et, en effet, il n'existe peut-être pas deux individus sur la terre qui envisagent strictement de la même manière les mêmes rapports dans un même objet. Celui-ci aperçoit des rapports qui ne frappent point celui-là, et celui-là découvre d'autres rapports tout à fait cachés à celui-ci : d'où résulte la diversité des impressions, des goûts, des sympathies, etc.

BEAUTÉ DE CONVENTION

Ce genre de beauté, qui a quelques rapports avec la beauté relative, est particulier aux climats, aux mœurs, aux habitudes et au degré de barbarie ou de civilisation des peuples. Aucune nation n'est exempte des bizarreries de cette beauté conventionnelle; depuis la mince et délicate parisienne qui se déforme la taille sous l'étreinte d'un corset, jusqu'à l'épaisse Hottentote qui s'écrase le nez, s'agrandit la bouche, s'allonge les oreilles et les seins, tous les peuples lui payent un tribut; c'est ce que nous allons démontrer dans une rapide esquisse.

Il est d'usage immémorial, parmi les indigènes de plusieurs contrées d'Asie et d'Amérique, de travailler, de malaxer les os du crâne des enfants, à la mamelle, pour donner à leurs têtes une forme nationale réputée la plus belle. Telle est la cause des divers peuples et peuplades à têtes allongées en melon, à têtes carrées ou pyramidales, à têtes pointues ou aplaties, avec une saillie monstrueuse des régions temporales.

Les Européens aiment un front large, élevé, bien découvert, tandis que les Pévuriens n'estiment qu'un front étroit et déprimé; leurs femmes, pour obtenir ce genre de beauté, emploient, dès le bas âge, de violents moyens mécaniques et parviennent à leur but.

Les grands yeux à fleur de tête et ronds ouverts, sont une beauté dans certains pays; les Lapons et les Esquimaux aiment, au contraire, les yeux demi-fermés. Chez les Chinois, ainsi qu'on l'a déjà dit, les yeux fendus obliquement, à paupière supérieure, longue et tombante, sont réputés les plus beaux.

Un nez proéminent est fort laid pour les peuples Tartares et Mongols; aussi les mères ont-elles soin de l'aplatir à leurs enfants à la mamelle. Les nègres et les races couleur de suie regardent un nez épaté et d'une affreuse largeur comme une perfection. Les Persans font consister sa beauté dans une noble longueur. Plusieurs peuples et peuplades percent la cloison du nez et y suspendent des ornements, des bijoux, comme cela se pratique, chez nous, pour les oreilles. Les objets suspendus sont quelquefois si lourds, que la cloison nasale s'allonge et tombe sur la lèvre supérieure; cet allongement hideux est une beauté pour ces peuples. Dans d'autres contrées, c'est la lèvre inférieure qui jouit du privilége d'être percée d'un trou, pour y recevoir les divers bijoux que la mode oblige à porter.

Les dents blanches et bien rangées nous semblent le principal ornement de la bouche; mais, tous les peuples ne pensent pas de même. Ainsi, pour les Siamois, les dents noires sont les plus belles; ils ont soin chaque jour de les noircir. — A Macassar, ce sont les dents jaunes et rouges qui l'emportent sur les noires et les blanches. Les femmes de Macassar passent une partie de la journée à peindre leurs dents en rouge et en jaune, de manière qu'une dent rouge succède à une dent jaune et alternativement. — Chez les Jaggas, l'absence des deux dents incisives supérieures est une condition de beauté. La femme qui n'aurait pas le courage de se les faire arracher serait méprisée et ne trouverait point à se marier. Beaucoup de femmes, poussées par la coquetterie ou le désir de plaire, s'arrachent quatre dents au lieu de deux, et sont sûres de trouver des adorateurs. — Quelques nations estiment les petites oreilles; plusieurs autres les veulent d'une hideuse longueur. — Les habitants de l'île de Pâques tiraillent le pavillon de l'oreille à leurs enfants, l'allongent autant que possible et le renversent à la façon de l'aile rabattue d'un tricorne. — Les Éthiopiens recherchent les oreilles plates, larges et collées sur les os du crâne, comme un espalier contre un mur. — Les Zélandais font consister la beauté de l'oreille dans l'énorme développement de son lobule. Ce lo-

bule, quelquefois de la largeur de la main, est percé
d'un trou oblong, destiné à recevoir des chevilles
de bois, de la grosseur du poing; des fragments
d'os ou de pierre, et des morceaux de fer du poids
de plusieurs livres.

Ici, on apprécie un cou gros, très-court et rentrant
dans les épaules; — là, c'est un cou mince, allongé,
qu'on recherche. — Dans quelques localités des
Alpes, un goître monstrueux a des charmes : une
femme sans goître ne trouve point d'épouseur.

La beauté de la poitrine des femmes varie aussi,
selon les pays et les goûts. Chez les uns les seins
proéminents, énormes, sont en faveur; chez les autres ce sont les poitrines plates. — Les bayadères de
l'Inde enferment leurs seins dans des étuis d'écorce
flexible pour en arrêter la croissance; — les almées
d'Égypte et les Bédouines les tiraillent pour les
avoir longs et pendants.

Il n'y a pas, non plus, d'accord unanime pour la
beauté de la taille. — Les Turcs, les Allemands, recherchent l'embonpoint chez la femme; les Japonais
et les Chinois exigent la maigreur. Les premiers se
passionnent pour des tailles épaisses et larges; les
seconds pour des tailles minces, émaciées. Du reste,
nous ne saurions nous moquer de ces peuples; car,
chez nous, Français, qui nous croyons maîtres passés en fait de bon goût, n'avons-nous pas placé la
beauté tantôt dans une large taille, simulée par une
ceinture se nouant sous les aisselles, et tantôt dans
une taille de guêpe, dont la ridicule longueur em-
piète sur le bassin?

Il est des pays où l'absence des muscles fessiers

est une qualité ; en d'autres on fait peu de cas des femmes qui n'ont point une croupe hottentote.

Les gros ventres ont été autrefois en faveur chez les Anglais ; à la même époque c'était, en France, la mode des ventres plats.

Plusieurs nations apprécient les jambes longues, effilées, tandis que d'autres préfèrent les jambes courtes et massives. Il en est de même pour les bras et les mains.

En Chine, on adore un pied épais et court ; en Orient, on ne l'estime que lorsqu'il est large et plat. Les Français s'éprennent d'un pied mince et petit ; les Anglais d'un pied étroit et long. Relativement à la beauté de la peau, chaque race, chaque nation, la place dans la couleur qui lui est propre, ou dans les moyens factices qu'elle emploie pour la décorer. Ainsi, chez la race nègre, la beauté de la peau est dans un noir d'ébène, chez les Cafres, les Papous, les Zembliens, etc., elle est dans la couleur de suie. Les naturels de l'Amérique, les peuples des cercles polaires, les races tartare et mongole, ne voient la beauté que dans les peaux jaunes. Les Indiens n'apprécient que les peaux brunes, tandis que les Européens excluent toutes ces couleurs et proclament les peaux blanches, animées de teintes rosées, comme les seules vraiment belles. Une foule de peuples et de peuplades barbares cachent la teinte naturelle de leur peau, sous un badigeonnage de diverses couleurs ; les autres sous des marques indélébiles d'un tatouage général. Les Groënlandaises, pour paraître plus belles, se peignent le visage avec du jaune et du blanc. — Les Décanaises avec du jaune ; de plus, elles se rougissent les mains et les pieds. Les Zembliennes, se tracent des lignes bleues au front et au menton ; les Japonaises se teignent les paupières et les lèvres en bleu. Presque toutes les populations de l'Océanie et de la Polynésie ne voient de beauté que dans une peau tatouée. La peau du visage, de la poitrine, des bras, des jambes, et du corps entier est recouverte de dessins, plus ou moins bizarres, mais très-réguliers, faits au moyen de cailloux tranchants ou de pointes d'acier, de telle sorte que toute la surface cutanée de l'individu présente un bariolage complet de la tête aux pieds.

Enfin, une dernière preuve de la variabilité de la beauté conventionnelle nous est fournie par les traits suivants :

Dans la capitale d'Éthiopie se trouve la statue d'une femme, dont la prodigieuse beauté lui valut un royaume et des honneurs divins. Cette statue, décrite par plusieurs voyageurs, offre une tête carrée à front fuyant, des pommettes saillantes, un nez écaché, une bouche énorme, des seins pendants et très-longs, une ceinture et un bassin très-large, un énorme développement de la région fessière, etc.

Dans la ville de Canton, il existe un tableau qui excite vivement l'admiration des Chinois ; ce tableau représente trois femmes nues, modèles de beauté, selon le goût du pays, et dont voici les principaux traits : les yeux sont petits, obliquement fendus et recouverts d'une énorme paupière supérieure ; le visage est aplati, large, et le nez peu saillant ; le ventre proémine, tandis que le reste du corps est d'une affreuse maigreur ; les pieds sont aussi courts qu'épais, et les doigts sont armés d'ongles monstrueux. A nos yeux, ce tableau représenterait trois femmes phthisiques ou émaciées par une longue et douloureuse maladie ; pour les Chinois c'est, au contraire, la beauté dans sa perfection idéale.

Rubens, dans son *Jugement de Paris*, a, certes, bien eu l'intention de peindre la beauté sous la forme la plus attrayante ; mais, pour nous, Français, ses trois Grâces, se disputant la pomme d'or, ressemblent beaucoup à trois grosses Flamandes, parce que le peintre était Flamand et voyait la beauté du même œil que ses compatriotes.

Après ce qu'on vient de lire, peut-on affirmer qu'il existe une beauté réelle, absolue, qui se substitue à toutes les autres? Cette beauté réelle, que l'art et le bon goût ont découverte et formulée, est-elle la seule vraie? ou bien la beauté n'a-t-elle point de forme déterminée et ne dépend-elle que de la manière dont chaque race, chaque peuple, chaque individu, reçoit ses impressions?

Voici, par exemple, une forme humaine regardée et estimée comme parfaitement belle par une moitié du monde, tandis que l'autre moitié la considère comme parfaitement laide ; de ces deux opinions, quelle est la vraie, et de quel côté placer son choix pour faire pencher la balance? La question devient encore plus embarrassante, et l'on ne peut logiquement la résoudre sans remonter à des causes éloignées.

Chaque peuple possède un caractère qui lui est propre, un instinct dominant qui le pousse vers telle direction, tel but. Ainsi, les Phéniciens, les Tyriens, les Carthaginois, exclusivement livrés au commerce, furent les marchands de l'ancien monde. — L'Inde et la Perse s'adonnaient à l'agriculture. — Les Scythes passaient pour des peuples guerriers et pasteurs.

— L'Égyptien creusait des *hypogées* ou tombeaux, bâtissait des temples et fabriquait des Dieux plus ou moins grossiers. — Les Grecs, nation privilégiée au moral et au physique, furent les poëtes et les artistes, par excellence, de leur époque. Doués d'un esprit juste, pénétrant, et d'une brillante imagination, ils surpassèrent ce qui avait été fait avant eux, et portèrent les arts, la statuaire surtout, à un tel degré de perfection, que les civilisations subséquentes, ne trouvant rien à perfectionner dans l'art plastique, ne purent que copier les chefs-d'œuvre de ces maîtres, les égaler quelquefois, mais les surpasser jamais. Le génie des arts plastique et poétique forme le côté le plus saillant, la face la plus brillante de la civilisation grecque ; et c'est à ce génie que nous devons les marbres que semblent avoir respectés les siècles pour les conserver à notre admiration. Les grands artistes de cette époque, s'apercevant que la beauté parfaite n'existait point sur un seul individu, empruntèrent à différents modèles les perfections qu'ils y découvraient, pour en former un tout parfait auquel fut donné le nom de *beau collectif*. Ainsi, Xeuxis, prié par les Agrigentins de peindre une Vénus, choisit, parmi cent jeunes filles d'Agrigente, sept modèles dans lesquelles il reconnut les perfections isolées qui lui étaient nécessaires pour composer un tout parfait. Les plus

belles filles de la Grèce servirent de modèles à
Scopas et à Praxitèle, lorsqu'ils s'immortalisèrent
par leurs marbres représentant la mère des amours
dans tout l'éclat de sa beauté. La Vénus de Médicis
et l'Apollon du Belvédère, qu'on ne se lasse d'admirer, sont également le résumé des perfections de
vingt modèles. Enfin, le statuaire Polyclète, qui,
dans le fameux concours des statues des Amazones,
remporta le premier prix sur Phidias, établit définitivement les règles de proportions et de rapports
qui constituent la beauté selon l'art; la statue qu'il
exécuta, comme preuve de ce principe et pour servir de modèle, fut surnommée NORMA, ou règle,
par tous les artistes; et, depuis cette époque jusqu'à
nos jours, la règle établie par Polyclète n'a point
varié; tout ce qui s'y conforme est jugé beau, tout
ce qui s'en éloigne est jugé défectueux.

Avant de modeler cette fameuse statue, Polyclète
voulut expérimenter si l'appréciation du beau était
une faculté de l'âme, un sentiment inné, comme le
prétendaient certains philosophes idéalistes. Il modela, en conséquence, deux statues, l'une d'après
les avis de la multitude, l'autre selon les règles de
l'art. Il écouta les conseils de tous ceux qui en-
traient dans son atelier; il modifia, changea, réfor-
ma, suivant les observations qu'on lui faisait, et se
conforma aux goûts divers. Enfin, le travail achevé,
il exposa ses deux statues : l'une excita l'admiration
du public, et l'autre fut un objet de risée. Alors,
Polyclète prenant la parole : « La statue que vous
critiquez, dit-il, est votre ouvrage, celle que vous
admirez est le mien. »

L'illustre Camper, si connu par ses travaux d'anatomie comparée et par ses études sur l'angle facial, prouve pertinemment que l'appréciation du beau peut bien quelquefois dépendre d'une aptitude particulière de l'esprit qu'on appelle *sentiment, goût, tact ;* mais, qu'elle se développe généralement par l'éducation et s'agrandit par l'étude des meilleures productions de l'art. Winkelmann et Raoul-Rochette, notre savant archéologue, affirment également qu'une étude raisonnée des chefs-d'œuvre de l'antiquité et des temps modernes fait naitre le sentiment du beau ou lui donne un essor prématuré. Les artistes de notre époque et tous ceux qui s'occupent d'arts partagent cette opinion. — Nous concluons donc, avec nos maîtres en *esthétique* (science des beaux arts), que l'opinion des philosophes sur l'appréciation du beau comme *sentiment inné*, est complétement erronée ; que l'aptitude à juger sainement de la beauté réelle, ou selon l'art, fait défaut à la grande majorité des hommes, et que cette aptitude n'est dévolue qu'à un petit nombre d'individus privilégiés : l'expérience le confirme tous les jours.

BEAUTÉ RÉELLE OU SELON L'ART

D'après ce qui précède, la beauté réelle se trouvera dans la réunion, sur un même corps, des *proportions* et de leurs parfaits *rapports*, du mélange des *couleurs*, de *l'expression* et des *grâces*, qualités qui résument les perfections sensibles de l'être humain.

Les deux premières qualités sont inhérentes à la

matière, les deux autres dépendent de l'harmonieuse
consonnance du langage d'action et des divers mouvements de l'âme. La réunion de ces quatre qualités
est indispensable pour constituer ce qu'on appelle
la beauté réelle ou parfaite. Si l'une de ces qualités
fait défaut, l'harmonie de l'ensemble est dérangée;
la beauté n'existe plus dans son entier. Ainsi l'on
voit souvent des personnes qui possèdent de beaux
yeux, un front ouvert, un nez régulier, une jolie bouche, un corps bien fait, et ces personnes ont pourtant
le malheur de déplaire ; la nature, en les comblant
de ses dons, leur a refusé le plus précieux, celui de
plaire, c'est-à-dire les qualités de proportions et de
rapports. Tous les traits, pris séparément, sont irré-
prochables ; mais, quelque chose manque, c'est le lien
harmonieux qui doit les réunir. — D'autres personnes, n'ayant rien de remarquable dans leurs traits,
pris en détail, plaisent néanmoins, et les yeux aiment
à s'arrêter sur elles, parce que leurs traits réunissent
certaines conditions d'harmonie et d'expression.

CHAPITRE III

La beauté physique ne saurait être la même pour l'un et l'autre sexe : les caractères qui la constituent chez l'homme doivent être différents de ceux qui la déterminent chez la femme.

L'homme présente une charpente osseuse solidement construite, un système musculaire fortement accusé, il a de robustes épaules, une poitrine large et carrée ; le ventre aplati, les hanches étroites, les bras et les jambes bien musclés et leurs extrémités tendineuses. Les traits de son visage sont empreints d'une mâle énergie ; son regard est fier, sa voix pleine et sonore, sa démarche assurée ; en un mot, l'ensemble de son organisation annonce la force et la vigueur.

La femme offre une constitution plus délicate ; sa charpente osseuse est moins forte, moins élevée, son système musculaire moins développé que celui de l'homme ; son tempérament est plus humide et son organisation plus impressionnable. La douceur de sa voix, la chasteté de son regard, l'aménité de son sourire annoncent un être timide et tendre, aimant et dévoué. Sa peau satinée recouvre d'attrayantes formes ; sa poitrine recèle de précieux trésors ; sa taille est ravissante! La femme a les flancs larges, les hanches évasées, le ventre arrondi, les bras et les jambes délicieusement tournés; tout est contours suaves, lignes ondoyantes; tout est gracieux et charmant, tout séduit dans sa personne.

C'est surtout dans l'organisation féminine que la nature déploya un luxe de charmes, une profusion d'attraits. Suivez de l'œil les lignes qu'offre le beau corps d'une vierge de vingt ans : ces lignes, vous les verrez naître, onduler et se perdre insensiblement, de manière à ménager la délicatesse des contours et l'élégance des formes. La ligne qui descend du cou s'arrondit aux épaules, afin d'adoucir l'emmanchure des bras; elle glisse sur les côtés de la poitrine, se resserre à la taille et s'élargit au bassin pour laisser un champ libre à la reproduction de l'espèce; de là elle descend aux genoux, et, après s'être renflée aux mollets, elle s'amincit au bas de la jambe, se recourbe encore aux talons et va se perdre à l'extrémité des orteils. Partout la ligne ondule délicieusement sur ce beau corps; partout elle glisse sur des surfaces veloutées, multiplie ses molles inflexions, s'égare et disparaît en de voluptueux interstices. Si, pour examiner les traits plus en détail, vous remontez à la tête, vous admirez d'abord cette longue et magnifique chevelure qui, à elle seule, vaut les plus riches ornements. Vous apercevez dans les yeux un voluptueux mélange de désirs, d'amour et de langueur; et sur cette bouche, qu'embellit le sourire, vous devinez une promesse de bonheur; car, ainsi que la fleur, sur le rameau, promet un fruit, de même le sourire sur la bouche d'une femme pro-

met un plaisir; et le plaisir comme l'a dit un savant, est à la matière vivante ce que la gravitation
est à la matière inerte. Quand vous arrivez à la région pectorale, où s'arrondissent deux charmants
hémisphères, délicieux banquet dressé d'avance
pour un convive à naître, votre œil en caresse invo-
lontairement les suaves contours et vous éprouvez
l'irrésistible pouvoir de leurs charmes. Et puis, le
poli, la blancheur de sa peau, la douceur de sa main,
dont le contact vous fait tressaillir; la souplesse de
sa taille, la grâce de ses attitudes, la légèreté de sa
démarche, la délicatesse de ses pieds, qui semblent
n'être faits que pour fouler des tapis ou des fleurs;
tout annonce, dans la femme un être essentiellement fait pour plaire et charmer, pour aimer et être
aimé. La beauté de l'homme, fût-elle absolue, elle
serait encore inférieure à celle de la femme, qui
semble être sortie des mains de la nature, comme
une œuvre d'amour; enfin, toutes les richesses de
la forme et des couleurs, toutes les poésies de l'organisation, lui ont été prodiguées pour qu'elle fût
la plus belle des créatures vivantes.

Le sexe fort, qui doit protéger, a été taillé à
l'angle ou au carré, et le sexe faible à la courbe;
parce que cette dernière conformation était propre
à charmer les sens et à faire naître les désirs. Dans
ces deux organisations différentes, le but de la nature est facile à reconnaître; il était nécessaire que
la beauté gracieuse d'un sexe, inspirât de l'amour à
l'autre pour l'attirer et le fixer; car l'indifférence
eût été la mort, le néant!

Placé devant les deux tableaux que nous venons

d'esquisser à grands traits, le lecteur s'apercevra
facilement que l'homme aux formes arrondies,
molles, délicates, et la femme aux saillies osseuses
et musculaires, à la taille épaisse, au bassin étroit,
au visage ombragé de poils, seront, l'un et l'autre,
des êtres hybrides, également éloignés du beau
fondamental.

CHAPITRE IV

Les développements que nous avons donnés à la question générale de la beauté, ne sont que les prolégomènes de la question de détail, qui devrait embrasser, avec l'anatomie superficielle du corps entier, une foule de considérations relatives à la direction, au volume, proportions, rapports, symétrie, attitudes, expression, etc., etc., question, que nous ne pouvons traiter à fond dans le cadre étroit de cet ouvrage. Nous nous bornerons donc à une description rapide et sommaire de chaque région, de chaque organe extérieur, de chaque trait, selon les règles de l'art, en renvoyant, toutefois, les lecteurs plus spéciaux à l'excellent traité d'*Anatomie des formes* du professeur Gerdy.

D'après les proportions offertes par les plus beaux modèles et adoptées par l'art, le corps de l'homme doit avoir huit têtes ou faces de hauteur, et celui de la femme sept seulement.

La 1re du sommet de la tête au menton.

La 2e du menton aux mamelons.

La 3e du mamelon au nombril.

La 4e du nombril à la bifurcation du tronc.

La 5ᵉ de cette bifurcation au milieu de la cuisse.

La 6ᵉ du milieu de la cuisse au genou.

La 7ᵉ du genou au milieu de la jambe.

La 8ᵉ du milieu de la jambe à la plante des pieds.

La tête se divise en quatre parties :

La 1ʳᵉ commence au sommet de la tête et se termine à la naissance des cheveux.

La 2ᵉ descend jusqu'à la naissance du nez.

La 3ᵉ comprend le nez entier, du sommet à la base.

La 4ᵉ part de la base du nez et arrive à l'extrémité du menton.

L'œil doit avoir un module de longueur. (*Le module est la moitié d'une des quatre divisions de la tête.*) De la paupière supérieure au sourcil, un demi-module. L'espace compris entre les deux yeux, c'est-à-dire la distance d'un point lacrymal à l'autre, sera de la longueur d'un œil.

Le nez aura deux modules de longueur et un de largeur; la narine un demi-module dans sa longueur et un tiers dans sa largeur.

La bouche, d'une commissure à l'autre, aura un demi-module et sera fendue à un demi module de la base du nez.

L'oreille sera placée dans la même division qu'occupe le nez et aura la même longueur.

Les pieds et les mains présenteront une tête de longueur, également divisée en quatre parties égales.

Dans un corps bien proportionné, les mesures suivantes indiquées se trouvent être d'une justesse remarquable.

Cinq fois le diamètre de la poitrine, d'une aisselle à l'autre, équivalent à la hauteur du corps.

Dix fois la longueur de la main donnent également la taille de l'individu.

La distance qui existe de l'extréminé du doigt médius droit, à l'extrémité du médius gauche, les bras étant étendus en croix, fournit exactement la hauteur du corps.

Le centre de la figure humaine se trouve à la symphise du pubis. De ce point, le corps se divise en deux parties égales, comprises dans deux cercles égaux. Le centre du cercle supérieur est placé au point correspondant à la base du cœur; le centre du cercle inférieur se trouve à la jointure du genou.

La même symétrie existe pour les bras étendus ; une pointe du compas étant placée sur le pli du bras droit et l'autre portée à l'extrêmité du doigt médius, on décrira un cerle dont le diamètre atteindra le milieu de la poitrine. Si l'on fait la même opération pour le bras gauche, il en résultera deux cercles parfaitement égaux qui auront leur point de contact au sommet de la poitrine.

Tête. — La tête, cette portion la plus noble de l'être humain, qui renferme les précieux organes des facultés intellectuelles, ne doit être ni grosse, ni petite, ni trop allongée, ni trop ronde. Selon Praxitèle, Phidias, Polyclète et Lysippe, ces grands maîtres de l'art plastique, et d'après nos grands anatomistes modernes, le plus grand diamètre de la tête se mesure du front à l'occiput; le diamètre latéral, d'une tempe à l'autre, est plus petit. La hauteur du visage, mesurée du sommet du front à la base du menton, doit être égale à la distance comprise entre les deux extrémités temporales des sourcils, c'est-à-dire que, si l'on place le bout d'un fil sur l'arcade sourcilière droite, au point où se termine le sourcil, et qu'en suivant la convexité du front, on le conduise au point où finit le sourcil opposé, on devra obtenir une mesure absolument semblable à celle qui existe du sommet du front à la base du menton.

L'ovale du visage, reconnu le plus gracieux, le plus séduisant dans ses contours, est celui qui, partant du menton, va, en s'élargissant peu à peu, limiter le sommet du front par un arc de cercle. La plus grande largeur de l'ovale est au-dessus de l'arcade sourcilière; cette disposition ouvre la figure et lui donne quelque chose de majestueux. L'ovale de la femme doit être moins évasé en haut que celui de l'homme, et s'épanouir doucement vers le point correspondant aux commissures de la bouche, de manière à mieux détacher le menton.

La beauté du front ne consiste pas seulement dans sa forme et son étendue, elle dépend aussi de sa régularité, de ses proportions et rapports avec les autres parties du visage. Tout le monde sait que les dimensions de la table osseuse du front, donnent la mesure de nos facultés intellectuelles, et que les diverses dispositions qu'affecte la peau frontale, décèlent les mouvements de l'âme, le calme ou la violence des passions.

Sur un front large, élevé, sont inscrits l'intelligence et le génie; lorsque les lignes, partant des sourcils, vont se perdre en courbes insensibles sur les tempes, c'est le front de Minerve. Si le front est moins élevé, moins large, mais plus empreint de douceur, de grâces et de tendresse, c'est le front de Vénus.

Les **yeux,** ces brillants miroirs où viennent se réfléchir toutes nos affections morales, composent le trait le plus expressif du visage. Ils doivent être fendus sur une ligne horizontale. La limpidité de l'iris et la blancheur azurée de la cornée opaque, sont deux conditions indispensables à la beauté de l'organe. Les yeux noirs ont plus de vivacité, recèlent plus de feu ; ce sont d'ardents foyers d'où jaillit la rapide étincelle qui dévore et consume. — Les yeux bleus sont plus tranquilles, ils revêtent la riante couleur des cieux et se meuvent chargés de tendresse et de molles langueurs. — Des sourcils nettement dessinés font ressortir la beauté des yeux et ajoutent à leur puissance ; forts et touffus à leur naissance, ils doivent aller mourir près de la tempe, en une pointe fine, mais bien marquée. — Les sourcils trop épais, trop arqués sont durs ; ceux qui gardent une ligne presque droite donnent au visage quelque chose de plus ouvert, de plus attrayant. — De longs cils implantés régulièrement au bord libre des paupières, et parfaitement isolés les uns des autres, sont indispensables aux charmes du regard. Les yeux, ainsi encadrés, possèdent un attrait irrésistible, leur muet langage est souvent plus expressif, plus éloquent que l'harmonieuse parole.

Les **joues** n'ont point d'expression par elles-mêmes, et cependant elles concourent puissamment à la beauté du visage ; leur parfaite symétrie de rondeur et de couleur ; l'harmonie des courbes qui vont se perdre dans la dépression formée par les branches de la mâchoire est indispensable au moelleux de leurs contours; des joues trop pleines ou trop rouges sont aussi désagréables que des joues trop maigres ou trop pâles; celles qu'arrondit un juste embonpoint, et dont la peau satinée est légèrement teintée de rose, sont réputées les plus belles. La ligne courbe qui limite la joue et s'étend de l'aile du nez au menton, doit être délicatement dessinée, afin de donner au visage la grâce et l'expression.

Le **nez** est la partie la plus saillante du visage; sa longueur doit être égale à celle du front et sa grosseur proportionnée aux traits de la face : il devra offrir une légère dépression à sa racine; son épine, gardant la ligne droite, se renflera à la partie moyenne et partagera la face en deux parties exactement semblables; sa cloison surplombera la gouttière de la lèvre inférieure. Les narines les mieux faites sont médiocrement ouvertes, arrondies en arrière, légèrement cintrées à leur partie moyenne et terminées en pointe mousse. Le contour intérieur des narines exige une grande correction. Enfin, dans le profil, le le bas du nez n'aura qu'un tiers de sa longueur.

La **bouche,** ce charmant asile du sourire, ce précieux organe de la parole qui, en état de repos ou dans la variété de ses mouvements, dépeint les affections intimes et le caractère, la bouche se présente comme un des traits principaux de la face. Son ouverture doit être de grandeur médiocre; sa forme la plus agréable est celle d'un arc détendu, si poétiquement comparé, par les anciens artistes Grecs, à l'arc de l'Amour. Deux lèvres fraîches et vermeilles iront confondre leurs lignes aux deux coins ou commissures de la bouche; cette fusion des lignes labiales sera d'une délicatesse extrême, afin de bien dessiner le gracieux enfoncement où se cache l'essaim des ris, en attendant que le plaisir leur donne l'essor. Enfin, des gencives fermes et vermillonnées, laissant sortir des dents blanches et bien rangées, sont les traits les plus remarquables d'une jolie bouche.

La houppe du **menton,** délicatement arrondie, doit être recouverte d'une peau lisse, exempte de fronces ou de fossettes : car, la fossette qui creuse certains mentons est, d'après le bon goût, une imperfection.

Le **cou,** véritable pivot de la tête, doit avoir deux longueurs de nez ; sa circonférence aura deux fois la circonférence du poignet. Un cou trop gros ou trop mince est disgracieux : trop long, il isole la tête du reste du corps ; trop court, il la confond avec le sommet de la poitrine, et semble apporter de la gêne dans les mouvements de la tête. Un cou dégagé, mince en haut, plus large à son union avec les épaules, d'un blanc uniforme, sans empreintes tendineuses trop prononcées, réunit toutes les conditions de beauté.

Les **épaules** doivent être charnues, égales en hauteur, bien effacées, dégagées du cou et présenter deux courbes insensibles qui, partant de l'articulation de l'omoplate, vont se perdre dans la gouttière formée par l'épine dorsale. Les épaules, larges et robustes chez l'homme, sont plus étroites et plus potelées chez la femme ; recouvertes d'une peau blanche, unie, et riches de lignes ondoyantes, elles sont une des parties les plus attrayantes de l'organisation féminine.

La **poitrine** se présente comme la région la plus large du corps; elle est carrée chez l'homme robuste et bien bâti; les femmes l'ont plus étroite, mais plus séduisante.

Les **seins**! organes charmants, chastes trésors sur lesquels l'œil s'attache malgré lui, les seins placés ni trop haut, ni trop bas, doivent naître d'une large base et conserver toute la pureté de la forme hémisphérique. Ils seront recouverts d'une peau satinée; fermes dans leurs contours, ils devront offrir à la pression une résistance élastique; un mamelon frais, érectile et propre à remplir le but de la nature, couronnera leur sommet. La distance d'un mamelon à l'autre, sera la même que celle qui existe d'un mamelon à la fossette de la clavicule. La gouttière inter-mammaire, c'est-à-dire l'espace qui sépare les deux seins, équivaudra à la largeur de l'un de ces organes; enfin, ils ressembleront à ceux de la Vénus de Médicis, type luxuriant de beauté féminine. ·

Il faut que les **bras** soient bien attachés aux épaules, égaux en longueur, musculeux et tendineux chez l'homme; lisses et sans la moindre dépression musculaire chez la femme. Les **coudes** seront arrondis, et les lignes qui en partent, ne devront éprouver aucune déviation jusqu'au poignet.

La **main**, chez la femme, doit naître insensiblement de l'avant-bras; elle sera allongée, blanche, potelée, armée de doigts bien articulés, effilés vers le bout, garnis d'ongles cintrés, roses et transparents. Quoique forte et tendineuse, chez l'homme, la main doit conserver les mêmes proportions.

L'homme, taillé en Apollon, offre un **bassin** étroit, des cuisses musculeuses, fortes, bien tournées et dont la forme va en s'amincissant jusqu'au genou. La saillie des muscles du **mollet** doit être bien prononcée, sans cependant se terminer par une brusque dépression. Solidement attaché aux malléoles, le **pied,** ni trop long ni trop court, ni trop large ni trop étroit, doit présenter, du talon à la naissance des orteils, une légère voussure.

La femme doit offrir un bassin large, évasé, une taille élancée, douée de souplesse dans tous ses mouvements ; une croupe richement prononcée formant, avec la taille, une légère cambrure ; des jambes arrondies, un genou rond et peu sensible ; des mollets suavement développés, dont les courbes délicates vont se perdre un peu au-dessous des malléoles ; le bas de la jambe fin, délié ; les pieds petits, étroits, avec des orteils bien gradués, complètent les traits d'une beauté parfaite, selon l'art.

L'harmonieux mélange des couleurs, mis en seconde ligne par les artistes, comprend les diverses teintes que revêtent les organes ; l'incarnat des lèvres, le rose des joues et des ongles · la nuance des cheveux et de la barbe, la fraîcheur de la carnation, la blancheur et la transparence de la peau, etc., La couleur nous semble être le complément de la beauté matérielle ; car, non-seulement elle sourit aux yeux, mais elle annonce un sang pur, une organisation riche de force et de santé. Des traits fins, délicats, encadrés dans un délicieux ovale, mais recouverts d'une peau terne et sans chaleur, inspirent un regret uvolontaire ; c'est dommage, pense-t-on, que les charmes d'une aussi belle figure soient cachés sous une aussi laide enveloppe.

Une fraîche couleur sert avantageusement la beauté ; on oublie les imperfections que les traits peuvent présenter, pour ne penser qu'au délicieux contact d'une peau lisse et veloutée.

Nous ne parlerons pas ici de la cosmétique appliquée à l'embellisement de la peau ; cette partie a été traitée d'une manière toute spéciale dans *l'Hygiène du Visage et de la Peau*, ouvrage enrichi d'un formulaire cosmétique, auquel nous renvoyons le lecteur. Les femmes trouveront dans ce formulaire mille moyens rationnels de donner à la peau la souplesse, le poli et la fraîcheur, ainsi que les procédés les plus simples pour redresser et embellir les traits du visage.

Une belle statue, réunissant toutes les perfections de formes, attire l'admiration, mais rien que l'admiration ; il en est de même de l'être humain lorsqu'il manque d'expression ; on dit : « C'est une belle statue. » Mais, lorsque cette beauté matérielle s'anime par la grâce et l'expression, alors cette admiration se change en amour, et l'on s'incline pour l'adorer. L'expression et la grâce, ces deux qualités essentielles de la beauté, résident dans les diverses poses, attitudes et mouvements physionomiques, et complètent ce que nous avions à dire sur la beauté parfaite. Or, l'homme et la femme, qui possèdent les qualités de formes et d'expression, méritent des hommages, parce que la beauté physique marche généralement avec la beauté morale ; parce que ces deux beautés constituent la perfection et que la perfection est l'attribut de la divinité.

CHAPITRE V

DÉVELOPPEMENT DU CORPS HUMAIN

Croissance normale et anormale.

L'histoire de la fécondation et des évolutions du fœtus a été donnée dans notre ouvrage intitulé : *Hygiène du Mariage;* nous ne nous occuperons ici que du développement physique de l'enfant et des modifications qu'il peut éprouver pendant la période de croissance.

La mollesse de l'organisme étant le caractère de la première enfance, il en résulte que le corps peut éprouver de nombreuses modifications pendant sa croissance, jusqu'à ce qu'il ait franchi la puberté, époque à laquelle la charpente osseuse commence à devenir solide ; car, ce n'est guère que de vingt à vingt-quatre ans que l'ossification du squelette est complète.

A partir du jour de la fécondation, lorsque le germe humain est dans un état parfait d'intégrité, il doit suivre régulièrement toutes les phases de son développement, si, toutefois, rien ne vient contrarier la marche. Mais, si la mère éprouve, pendant sa grossesse, des perturbations physiques ou morales, ces perturbations retentiront nécessairement sur son fruit.

L'être humain naît ou sain, ou entaché d'un vice héréditaire. Dans le premier cas, c'est l'hygiène qui veille à son parfait développement et lui conserve la santé; dans le second cas, c'est encore à l'hygiène médicale de détruire les vices et de ramener l'équilibre dans les fonctions organiques.

L'accroissement du corps est soumis à des périodes d'activité ou de repos plus ou moins apparentes; néanmoins, il n'y a jamais repos complet; la nature est sans cesse occupée à augmenter, à fortifier graduellement les organes et tissus qui constituent l'économie humaine.

On est frappé des grandes analogies qui existent dans le mode d'accroissement du végétal et de l'animal. — Chez le premier, la séve ascendante sert à la croissance en longueur, la séve descendante est destinée à grossir le jet; ce sont deux courants dont les effets inverses concourent au développement du végétal. — Chez le second, le même phénomène se passe; l'enfant croît en longueur et en hauteur. C'est d'abord le cerveau qui se développe, les autres organes viennent ensuite, et le développement ou accroissement successif a toujours lieu des régions supérieures aux régions inférieures.

Pendant l'enfance, c'est la tête qui acquiert le plus d'accroissement. — L'adolescence se signale par le développement de la poitrine, du cœur et des poumons. — Durant l'époque de la puberté, les membres supérieurs et inférieurs, ainsi que divers organes du corps, augmentent de volume, de force et de vigueur, et cet accroissement successif ne s'arrête que quelques années après la puberté. Alors, cesse la croissance en longueur et en hauteur ; les formes s'accusent, s'arrondissent ; le corps humain n'est plus soumis qu'aux lois de l'accroissement en largeur et en épaisseur.

La manière dont s'opère la croissance mérite une sérieuse attention de la part des parents, car elle peut avoir lieu par jet, par secousses, c'est-à-dire trop rapidement ; ou elle peut être retardée, languir et prendre une direction vicieuse.

Lorsque l'accroissement se fait par secousses, il y a ordinairement un organe qui reçoit un excès de nutrition, tandis que les autres n'en reçoivent pas assez.

L'équilibre se trouve alors détruit, et diverses lésions peuvent frapper le sujet. Ainsi, lorsque le système osseux se développe trop rapidement, les muscles sont étirés, amincis, faibles et incapables de soutenir convenablement la charpente humaine. De cet état de choses naissent des déviations et quelquefois de graves maladies. Lorsque c'est le système musculaire qui prend un accroissement démesuré, il est à craindre que la colonne vertébrale ne puisse résister aux tractions musculaires, qui ne sont presque jamais également réparties de chaque côté du torse, et qu'elle soit déviée du côté où les tractions sont les plus fortes. Enfin, tout accroissement trop rapide ou trop lent présente des dangers que l'hygiène doit combattre. Dans l'accroissement gradué, au contraire, les systèmes osseux et musculaires marchent ensemble ; le réseau sanguin capillaire prédomine, les fonctions s'exécutent facilement et régulièrement ; le sujet est vif, gai, bien portant, et arrive à l'âge de puberté sans être en butte aux orages qui accompagnent cette phase de la vie.

De ces considérations physiologiques, il ressort la haute importance de surveiller strictement la croissance des enfants et de consulter, sans retard, un médecin orthopédiste le jour où l'on s'aperçoit que l'énergie vitale se porte sur un organe au détriment des autres.

Ne pouvant donner ici que des conseils généraux, nous dirons que la croissance trop rapide se modifie par un régime alimentaire, approprié par le changement des lieux et du climat qu'on habite. Les cieux bien éclairés, un beau soleil, sont de puissants agents pour opérer la répartition harmonieuse des sucs nutritifs à tous les organes. Les lieux sombres, humides, une nouriture aqueuse, développent, au contraire, en hauteur, aux dépens des forces et de l'épaisseur. Les plantes étiolées nous en fournissent un exemple. Ainsi donc, c'est au soleil, à la lumière et aux aliments azotés qu'il faudra recourir pour arrêter les progrès d'une croissance trop rapide ; car le soleil, la chaleur, disposent les sucs nutritifs à se répandre plus également dans tous les organes et modèrent le jet disproportionné des sujets qui vivent privés de lumière. Enfin, on devra mettre en usage tous les agents physiques les plus propres et les plus rationnels. Une gymnastique spéciale sera aussi d'un grand secours, si elle est bien dirigée. Dans le cas d'un vice particulier de la constitution, on emploiera les agents thérapeutiques dont l'action curative est reconnue. Mais, on devra user de ces moyens avec prudence et discrétion, car il ne faut jamais contrarier la nature ni mettre obstacle à son travail.

Quant à l'accroissement trop lent, retardé ou arrêté, il n'est presque jamais dangereux, à moins qu'il ne dépende d'un vice constitutionnel ou de l'hypertrophie d'un organe; alors, c'est l'affaire du médecin. Mais, dans la grande majorité des cas, c'est une espèce de temps d'arrêt amené par le défaut d'excitants physiques, par l'insuffisance de l'alimentation ou la pauvreté des sucs nutritifs ; par un air ne contenant pas assez d'oxygène, par le manque d'exercice et le repos trop prolongé, etc.; il ne s'agit ici que de changer la manière d'être et de vivre du sujet pour combattre cet arrêt de la vitalité organique, et donner l'essor à l'accroissement du corps.

DES MALADIES QUI ACCOMPAGNENT L'ENFANCE ET L'ADOLESCENCE.

Lorsque les lois de développements successifs de la machine humaine, lorsque les lois de balancement et de solidarité des organes sont arrêtées dans leur marche, le malaise survient et la maladie ne tarde point à le suivre. C'est au médecin physiologiste et surtout hygiéniste de combattre, de détruire les obstacles qui enrayent ces lois, afin de rétablir leur cours normal, et, par là, de ramener la santé.

A mesure que l'enfant s'avance dans la vie, il devient sujet à certaines altérations qu'on nomme maladies de croissance. Ces altérations suivent un ordre assez régulier : elles commencent généralement par la tête, parce que c'est cette partie du corps qui, la première; acquiert le plus rapide accroissement.

Lorsque les mouvements de croissance quittent la tête et descendent, c'est le larynx et les poumons qui deviennent le siége des congestions; alors apparaissent le croup, la coqueluche, les amygdalites, les bronchites, etc. Comme les organes respiratoires ont une intime relation avec le tissu cutané, la peau se couvre d'éruptions nombreuses de formes et d'aspects variés, qu'il faut souvent respecter et ne guérir qu'après avoir détruit la cause qui les a produites; les éruptions de la peau n'étant, dans bien des cas, qu'un effet, si l'on supprime une dartre, une éruption pustuleuse, le mal n'est pas extirpé; on le chasse de la peau, mais il va se porter sur les poumons, sur les intestins, ou sur tout autre organe, et la santé peut en être gravement compromise.

Après les affections de poitrine et de peau, paraissent les maladies des articulations, des vaisseaux et des glandes lymphatiques; et, enfin les irritations d'entrailles. Telle est la marche que suivent les maladies, dans le jeune âge. Quelquefois. chez les sujets lymphatiques, il y a surabondance des fluides blancs; si les tissus manquent de force, si la vitalité est languissante, ces fluides s'accumulent autour des articulations, et forment des tumeurs blanches; ou bien les vaisseaux et glandes lymphatiques s'engorgent, deviennent le siége de noyaux strumeux, de tumeurs qui parfois s'abcèdent, et laissent autour du cou ces hideuses cicatrices auxquelles on reconnaît le sujet écrouelleux.

Pendant que tous les organes et tissus de l'économie suivent le cours de leur croissance, le système osseux se développe aussi, mais plus lentement, et, comme les autres organes, devient la proie d'altérations qu'il faut se hâter de combattre, par la raison qu'elles sont plus longues à guérir.

Nous nous hâtons d'ajouter, comme correctif à ce triste tableau, qu'une alimentation saine et réglée, les exercices et le repos sagement ordonnés, les préceptes hygiéniques régulièrement observés, entretiennent, dans leur intégrité, le balancement et la solidarité des organes; alors, la santé n'est point troublée, les fonctions s'exécutent librement, et le jeune individu croît, se développe dans toute sa fraîcheur et sa beauté. Voilà pourquoi il serait urgent d'ordonner, dans les pensionnats des deux sexes, des visites journalières d'un médecin hygiéniste, pour qu'il pût surveiller la croissance des jeunes sujets, et prévenir les déviations ou les combattre avant qu'elles n'aient fait des progrès. Nous pensons même qu'il serait rationnel d'exiger de tout instituteur ou institutrice, des notions de physiologie humaine, d'hygiène et de gymnastique, afin d'en faire l'application lorsque le cas s'en présenterait.

CHAPITRE VI

Constitution, complexion, tempérament.

Avant de parler des applications de l'hygiène au corps humain, il est naturel de donner une idée générale de son organisation.

Le corps humain est la machine la plus compliquée, la plus admirable, qui existe et fonctionne sur le globe terrestre. Considérée sous le point de vue matériel, cette machine réunit en elle les principaux moyens de la physique et de la chimie; il s'y fait continuellement des décompositions et des recompositions chimiques, des opérations de mécanique, d'hydraulique, de statique, etc., et la vie, cet agent insaisissable, en fait mouvoir les innombrables ressorts.

Au point de vue psychique, l'être humain n'est pas moins admirable, mais il fuit incessamment devant le penseur qui le poursuit, et les obscures notions que nous pouvons en avoir reposent sur des théories plus ou moins ingénieuses qui n'ont aucun degré de certitude. Il n'est point donné à l'homme de dépasser les limites posées à son intelligence.

Constitution humaine signifie état général de l'organisme : elle embrasse tous les éléments, tous les systèmes de l'économie vivante. Lorsque ces éléments et ces systèmes sont bien développés et en parfaite harmonie, entre eux, la constitution est belle, robuste, saine : dans le cas contraire, elle est frêle, chétive ou vicieuse. Néanmoins, il est bon de faire observer que, lors même que la plupart des systèmes d'organes seraient dans des conditions favorables de développement et de vitalité, s'il y avait discordance entre eux, la constitution serait plus ou moins vicieuse. Ainsi, il n'est pas rare de voir des êtres robustes, en apparence, dont la santé se dérange sous la plus petite influence morbide, tandis que des êtres d'un extérieur grêle et presque valétudinaire, traversent impunément ces mêmes influences.

La **constitution** présente diverses modifications auxquelles les physiologistes ont donné les noms *d'organisation*, *complexion*, *tempérament*, *idiosyncrasie*.

Organisation veut dire structure des tissus, développement et dispositions des organes : elle est bonne ou mauvaise, riche ou pauvre.

Complexion indique le résultat général de toutes les fonctions de l'économie : elle est forte ou faible, robuste ou délicate.

Le corps humain renferme quatre grands systèmes : le *sanguin*, le *bilieux*, le *nerveux* et le *lymphatique;* la dénomination de *tempérament* a été donnée à la prédominance de l'un de ces systèmes sur les autres.

· La prédominance **sanguine**, caractérisée par l'activité de la circulation rouge, par la richesse des vaisseaux capillaires artériels qui donnent au visage une couleur vermeille, constitue le *tempérament sanguin.*

La prédominance **bilieuse**, manifestée par l'énergie du système gastro-hépatique qui, secrétant une quantité notable de bile, donne à la peau une teinte plus ou moins jaunâtre, constitue le *tempérament bilieux*

La prédominance **nerveuse**, annoncée par l'exquise délicatesse du système nerveux, par la grande sensibilité de l'individu, par son excessive impressionnabilité, constitue le *tempérament nerveux.*

La prédominance **lymphatique**, due au développement des ganglions et des vaisseaux blancs, d'où résulte une proportion considérable de lymphe et de sérosité, constitue le *tempérament lymphatique.*

On nomme **tempéraments composés** ceux qui semblent réunir deux tempéraments ; ainsi, le *bilioso-sanguin* tient du tempérament bilieux et du tempérament sanguin ; — le *nervoso-lymphatique* du tempérament nerveux et lymphatique, etc.

Enfin, on appelle **idiosyncrasie** la prédominance d'action d'un organe ou d'un appareil d'organes, et cette disposition particulière qui fait que chaque individu a une manière propre de sentir et d'être influencé. Exemple : plusieurs personnes sont en même temps exposées à un courant d'air froid ; l'une éprouvera des coliques, l'autre un rhume, celle-ci une douleur rhumatismale, celle-là un mal de gorge, etc. La défaillance à la vue d'une souris, d'un reptile, d'une araignée ; la répugnance invincible pour tel aliment, telle boisson, etc., tous ces différents modes de sentir et d'être affecté ont reçu le nom d'*idiosyncrasie*.

De toutes les modifications de la constitution et de l'organisation, il n'en est pas de plus funestes que celles qu'apportent les maladies. On voit beaucoup de constitutions qui sont détériorées par une seule maladie, et qui ne peuvent revenir à leur type normal, parce que les causes de détérioration subsistent toujours. Par exemple, l'habitation dans des lieux malsains, le voisinage des marais, l'air confiné, la mauvaise alimentation, le défaut d'exercice, les veilles, les insomnies, les chagrins soutenus, l'abus des plaisirs, etc., etc., peuvent altérer la constitution plus ou moins profondément et durablement selon que leur action est forte, faible, durable ou passagère.

Ces tempéraments ont donné lieu à des rapprochements ingénieux entre les âges, les saisons et les climats. Ainsi, le tempérament *sanguin* a été comparé à l'âge adulte, à la jeunesse, à l'amour, aux climats chauds. — *Le bilieux* annonce la virilité, la colère, la méditation, l'automne, les climats brûlants. — *Le nerveux*, une sensibilité outrée, les impressions vives, incessantes, les journées vaporeuses du printemps. — *Le lymphatique* est rapporté à l'enfance, aux femmes, à la crainte, aux jours et aux climats humides. A l'idiosyncrasie mélancolique on oppose la vieillesse, la méfiance, la tristesse, l'hiver et le climat froid. Le lecteur trouvera dans l'*Histoire naturelle de l'homme et de la femme, depuis leur apparition sur le globe, jusqu'à nos jours*, une intéressante description physionomique des quatre principaux tempéraments.

Certaines susceptibilités sont attachées aux tem-

péraments ; ainsi les sujets à peau brune, à cheveux
noirs, sont moins impressionnables aux vicissitudes
atmosphériques et aux fatigues que les personnes à
peau blanche et à cheveux blonds ; ces dernières
sont aussi plus sujettes aux scrofules, à l'obésité, etc.

L'hygiène doit tenir compte des tempéraments et
des idiosyncrasies dans l'application de ses moyens,
car, ce qui est utile à l'un pourrait devenir nuisible
à l'autre. Ainsi, nous avons vu des lotions d'eau
savonnule qui, sur une peau ordinaire, n'ont aucun
inconvénient, développer une irritation assez vive
sur la peau d'une femme nerveuse et très-irritable.
Ce fait, entre mille autres, prouve l'importance que
l'on doit attacher à la connaissance du tempérament.

CHAPITRE VII

DE L'HÉRÉDITÉ

**Ou transmission héréditaire des qualités de constitution
et d'organisation bonnes ou mauvaises.**

Nous avons déjà dit, dans l'*Hygiène du Mariage*
(36ᵉ édition), que l'hérédité physiologique était la
transmission, par voie de génération, des qualités
physiques, bonnes ou mauvaises, des êtres qui engendrent aux êtres engendrés. Il est, dès lors, facile
de concevoir quel rôle important jouent les père et
mère dans cette circonstance ; aussi, la raison et la
moralité leur recommandent-ils d'avoir recours aux
moyens hygiéniques et médicaux propres à combattre et à détruire les vices, imperfections et maladies
dont ils peuvent être affectés, avant de s'unir et de
se livrer à l'acte de la procréation.

Quoique l'hérédité soit généralement sujette à
une foule de variations et d'irrégularités, qui tantôt
la rendent fort apparente et tantôt très-obscure, il
arrive trop souvent encore que certains vices de constitution et de formes se transmettent avec une affli-
geante similitude.

Les transmissions héréditaires les moins variables
sont celles du type physique ou conformation extérieure ; celle des traits, de la couleur, etc., d'où résultent les ressemblances de race, de nation, de fa-

6

mille.— Les peuples méridionaux sont, en général, d'un tempérament sec et bilieux; les nations qui habitent les climats tempérés, sont d'un tempérament sanguin, et chez les peuples septentrionaux, le tempérament humide ou lymphatique domine. Cette distinction des tempéraments, selon le degré de latitude et le climat, se remarque en France parmi les habitants des villes méridionales, du centre et du nord.

La conformation qui dépend des dimensions de la charpente osseuse et du système musculaire se transmet assez régulièrement. — L'hérédité des traits physionomiques offre plus d'irrégularité; mais, lorsqu'elle fait défaut, on rencontre presque toujours ce qu'on appelle des airs de famille.

A Athènes et à Corinthe la beauté du visage, l'élégance des formes, la pureté du langage, se perpétuaient dans certaines familles. Alcibiade, le plus beau et le plus aimable des Grecs de son temps, descendait d'aïeux remarquablement beaux. La célèbre Laïs de Corinthe avait hérité des attraits de sa mère (1). A Sparte, c'était la santé robuste, les traits mâles, la haute stature, que les pères transmettaient à leurs enfants. A Rome, il existait des familles chez lesquelles un gros nez, de grosses lèvres, étaient héréditaires, ce qui leur avait fait

(1) Voyez l'*Hygiène du mariage*, 36ᵉ édition, où se trouvent traitées, d'une manière accessible à toutes les intelligences, les questions de la *procréation humaine*, la *détermination de la sexualité*, l'*hérédité physique et morale*, les *maladies et imperfections* qui rendent le mariage stérile, et une foule d'autres questions des plus intéressantes.

donner le surnom de *nasones*, *labeones*. Chez nous les sobriquets de *bancal*, *bancroche*, *louche*, *camard*, etc., sont restés à des familles dont plusieurs membres, de père en fils, ont été affligés de ces imperfections.

Les vices de conformation, les mutilations, les monstruosités, se transmettent assez souvent. Les becs-de-lièvre, les affections cutanées, les vices de prononciation, la myopie, etc., poursuivent opiniâtrément certaines familles et ne les abandonnent qu'après une longue suite de générations. — Les mutilations accidentelles éprouvées par les parents se transmettent plus rarement : on cite cependant plusieurs exemples remarquables de ces sortes de transmissions. — Blumenbach a rapporté l'observation d'un ouvrier qui, s'étant abattu deux doigts de la main d'un coup de hache, donna plus tard le jour à deux enfants présentant la même mutilation. On cite des familles sexdigitaires, chez lesquelles presque tous les enfants naissaient avec six doigts. — Les oreilles longues et mal faites se perpétuent dans quelques familles, de même que les grandes bouches dans quelques autres, etc., etc.

L'hérédité des maladies n'est plus en litige : l'expérience de tous les jours prouve que le germe de certaines maladies se transmet avec une persévérance désolante pour l'humanité. Ainsi, le rachitisme, les scrofules, la phthisie, l'épilepsie, etc., etc., sont imminents pour les enfants issus de parents atteints de ces infirmités. La constitution des père et mère se transmet, aux enfants, saine ou altérée. C'est un fait incontesté. Et ce n'est point en naissant que commence pour l'homme la série des infirmités, elle remonte beaucoup plus haut, quelquefois aux premiers rudiments de l'organisation. Il existe donc des maladies, des vices de conformation héréditaires et contractés dans le sein de la mère.

L'art connaît de nombreux moyens pour combattre les vices héréditaires, mais l'époque la plus favorable à leur guérison est celle du jeune âge. Dans notre ouvrage sur *L'Hygiène du mariage*, cette question est traitée avec tous les soins qu'elle mérite. Le lecteur y verra que la beauté physique, cette grande et précieuse qualité de la forme humaine, si recherchée des anciens peuples, se transmettrait aussi facilement que les vices et les difformités, si l'association matrimoniale se faisait d'une manière plus conforme au but de la nature ; si les époux savaient bien se diriger avant la fécondation, et surtout si la femme adoptait le plan de vie et de conduite exposé dans *L'Hygiène du mariage* (1) dont nous venons de parler. La théorie de la procréation *callipédique*, c'est-à-dire l'art de procréer de beaux enfants, dont traite cet ouvrage, est claire, simple, logique et d'une facilité d'exécution qui devrait la vulgariser.

Un mot sur l'hérédité intellectuelle : cette hérédité n'est pas plus contestable que les autres : il est reconnu que les parents doués d'une bonne organi-

---

(1) Véritable guide des époux, cet ouvrage indique les moyens de perpétuer les bonnes qualités dans la famille, et de détruire les mauvaises. On y trouve aussi l'explication physiologique des mystères de la génération et de la procréation probable des sexes à volonté. **Prix : 3 fr.**

sation cérébrale, d'un esprit naturel ou cultivé par l'éducation, engendrent plutôt des enfants capables que les parents ignorants et stupides. On compte beaucoup de familles qui, de génération en génération, ont fourni des sujets de grande capacité, de haute intelligence; tandis que, dans d'autres familles, l'esprit borné, l'idiotisme, l'imbécilité, l'abrutissement, se perpétuent de père en fils.

Les moyens de remédier à l'hérédité des vices intellectuels se trouve dans l'éducation du cerveau.

Cet organe est aussi susceptible d'éducation que les autres organes du corps; l'exercice qu'on lui imprime modifie profondément ses fonctions. Au point de vue phrénologique, le cerveau étant composé de vingt-sept organes distincts, il s'agit de favoriser, d'accroître par des exercices appropriés, le développement de ceux de ces organes qui languissent, et de diminuer, par le repos, le volume, l'énergie de ceux dont l'accroissement se fait au détriment des premiers. Ainsi, l'agent propre au développement d'un organe est son excitant fonctionnel : la soustraction de cet excitant en arrête le développement.

Telle est la base sur laquelle est assise l'éducation cérébrale. Quant à l'énumération des exercices cérébraux et à leurs diverses applications, elles ne sont point du ressort de notre ouvrage; c'est dans un traité spécial d'hygiène, ou dans un traité de phrénologie appliquée à l'hygiène qu'on pourra les étudier avec fruit. Le lecteur trouvera, du reste, un petit aperçu phrénologique à la fin de cet ouvrage.

CHAPITRE VIII

L'éducation physique, c'est-à-dire les exercices de gymnastique appropriés aux différentes périodes de la jeunesse, devraient avoir une plus grande part que celle qu'on lui fait généralement dans les colléges et les pensionnats de demoiselles. Nous verrons, à l'article gymnastique de cet ouvrage, de quelle importance est cette partie de l'éducation pour le développement des organes et le maintien de la santé.

L'éducation physique doit être en rapport avec les âges, les constitutions et les saisons.

Dans le jeune âge, les forces vitales se portent principalement vers la tête : les deux dentitions, le développement de la boîte osseuse du crâne, le travail de l'ossification, les nombreuses stimulations de l'organe cérébral, etc., tout concourt à faire de la tête le point central de vitalité. Or, il est rationnel d'établir un *diverticulum* à cet afflux de forces vitales, en stimulant le système musculaire par des exercices aussi fréquents que variés, et c'est tout justement le contraire qu'on fait dans l'éducation actuelle. On force les enfants à de longues heures

d'études, pendant lesquelles ils restent assis ; au lieu
de les laisser jouer, sauter, gambader, en pleine liberté. On les tient renfermés, immobiles, cloués
sur des bancs ; on stimule, par de petites récompenses et en flattant l'amour-propre, l'activité de leur
cerveau ; on veut avoir des enfants savants !... Il
arrive alors que le corps languit, le cerveau se développe au détriment des autres organes ; les enfants
restent chétifs, leur santé se détériore ; des céphalalgies, des fièvres cérébrales, quelquefois mortelles,
sont la conséquence de ce système d'éducation.
C'est ce qui faisait dire à un médecin distingué, auteur d'un ouvrage sur l'éducation physique des jeunes filles, que, « si le jeune âge, par sa légèreté,
par son aimable pétulance et son besoin de mouvement, ne résistait sans cesse à l'action des maîtres
qui l'enchaînent dans un repos meurtrier, tandis
qu'ils frappent sans cesse et sans dicernement au
sanctuaire de l'intelligence ; si une heureuse incor-
rigibilité ne détruisait l'effet de l'éducation des pé-
dadogues, l'enfance serait hébétée à force d'études,
parce que l'équilibre de la santé serait détruit, et
que, sans l'harmonie des organes et des fonctions
qui sont solidaires, toute précocité d'un organe, aux
dépens des autres, est un mal dont se préservent
toujours des mères et des maîtresses éclairées. »

Les instituteurs et institutrices devraient toujours
avoir cet axiome sous les yeux :

La précocité intellectuelle est toujours au détriment de la santé ; une maturité trop prompte entraîne aussi une prompte destruction.

Il est évident pour tout physiologiste que c'est

pendant la période du jeune âge que l'exercice musculaire devient obligatoire pour contre-balancer l'afflux vital qui se dirige naturellement vers la tête, et que l'activité musculaire concourt à l'accroissement égal de tous les organes, en opérant une égale répartition des sucs nutritifs. Mais, il ne faut jamais perdre de vue que les membres et le torse doivent être exercés chacun à leur tour, car, si l'on ne faisait agir que tel ou tel membre à l'exclusion des autres, ce membre attirerait à lui les sucs nutritifs et se développerait outre mesure, tandis que les autres resteraient faibles et stationnaires ; il faut aussi que l'exercice soit ordonné avec discernement et proportionné aux forces du jeune sujet, parce que le même exercice ne saurait convenir à tous les âges, à toutes les constitutions.

Moins le système musculaire entre en exercice, plus le système nerveux est irritable ; voilà pourquoi les filles et femmes de la campagne, adonnées aux travaux physiques, sont exemptes de maux de nerfs, tandis que les femmes du monde sont, en général, impressionnables à l'excès, et souvent hystériques, vaporeuses. Ces deux dernières affections sont très-communes dans les communautés religieuses de femmes.

Si, parmi les habitants des campagnes et chez les peuples à demi civilisés, il n'existe pas autant d'êtres contrefaits, débiles et malingres que dans les grandes cités, c'est que les enfants ne sont pas claquemurés une grande partie du jour et assis dans des classes étroites ; c'est qu'ils courent au soleil et travaillent en plein champ ; c'est qu'ils respirent un air pur ;

c'est, enfin, parce qu'on exerce leur système musculaire et qu'on laisse leur tête en repos.

Il résulte de ce que nous venons de dire que les bienfaits de l'éducation physique sont incontestables, et que tout le secret de cette éducation consiste à exercer les organes de manière que tous ensemble jouissent d'une activité convenable et de l'énergie vitale qui leur est nécessaire pour arriver sans accident à leur développement le plus complet.

M. Julien, de Paris, dans un excellent ouvrage qu'il a écrît sur l'éducation pratique de la jeunesse, a tracé un tableau analytique et synoptique, où se trouve enseignée l'éducation physique et morale, année par année, depuis la première enfance jusqu'à la vingt-sixième année. Nous ne saurions trop engager les pères et mères intelligents à consulter cet ouvrage, qui leur sera de la plus grande utilité

DU SOMMEIL

Le sommeil, que les anciens avaient divinisé sous le nom de **Morphée**, méritait bien les honneurs que lui accordaient les poëtes de l'antiquité. En effet, ôtez à l'homme le sommeil et l'espérance, a dit un philosophe, et ce sera l'être le plus malheureux qui existe.

Le sommeil peut être physiologiquement décrit, un temps de repos pendant lequel l'économie répare les pertes nerveuses que lui a occasionnées la veille ; il repose les membres fatigués, rend aux muscles leur énergie première ; la nutrition et l'assimilation

deviennent plus actives, la circulation et la respiration sont modifiées ; enfin, un bon sommeil opère,
pour ainsi dire, une rénovation du corps.

La durée du sommeil doit être de huit à dix
heures pour l'enfance ; de sept à huit pour la jeunesse ; l'homme fait ne devrait jamais dormir moins
de six heures et jamais plus de sept.

Un sommeil trop court ne répare pas assez les
pertes faites pendant la veille ; les fonctions languissent, et, si cet état de choses est continué, il y a
dépérissement progressif. — Un sommeil trop prolongé ralentit les mouvements vitaux, hormis la
nutrition ; il alourdit le corps, hébète l'individu, et
peut, ainsi qu'on en cite des exemples, affaiblir
les facultés intellectuelles.

Le temps naturel au sommeil est celui où le
soleil a quitté notre hémisphère. Cet ordre est presque toujours perverti par les usages du monde, et
quoiqu'on s'en moque, il est une des causes qui
altèrent la santé et abrégent la vie.

Le sommeil est d'autant plus réparateur qu'il est
plus calme et plus profond.

Les conditions hygiéniques pour avoir un sommeil tranquille et réparateur sont celles-ci :

Activité physique pendant le jour ;

Repas du soir léger et composé d'aliments de
facile digestion. Le souper doit toujours se faire
quelques heures avant de se mettre au lit.

En entrant dans la chambre à coucher, on doit,
avec ses vêtements, déposer tous les soins, tous les
soucis et préoccupations du jour, parce que, si les
rêves tourmentent le sommeil, le repos n'est plus

aussi complet. Au contraire, avec la paix du cœur et la sérénité de l'âme, le sommeil est essentiellement réparateur.

La chambre à coucher étant le lieu où l'on passe le plus de temps, elle doit être spacieuse, bien aérée, d'une température plutôt basse qu'élevée, exempte de toute humidité, de toute odeur, de tout parfum et surtout de fleurs, parce que les fleurs s'emparent de l'oxygène ou air vital et rejettent de l'acide carbonique. Les croisées de la chambre à coucher doivent rester ouvertes une grande partie de la journée.

Un lit hygiénique se compose d'une paillasse, d'un sommier de crin, d'un matelas, d'un oreiller et d'un traversin; de deux draps, qui doivent être changés au moins tous les quinze jours, et d'une ou de plusieurs couvertures de laine, selon la saison. Les lits de plumes, les édredons seront proscrits, surtout de la couche des jeunes personnes, par la raison que la chaleur qu'ils développent peut donner lieu à des rêves érotiques.

Enfin, l'habitude a une grande influence sur le retour et la durée du sommeil. Nous donnerons toujours le conseil de se coucher tôt pour se lever de bonne heure; parce que d'abord la nuit est le temps du repos marqué par la nature, et qu'ensuite le matin est l'instant du jour le plus frais, celui où, par un beau ciel, on peut aller dans la campagne donner à son poumon un air pur à respirer. L'air du matin vivifie; l'air du soir, chargé d'épaisses émanations, est beaucoup moins pur. Pour l'homme qui s'est reposé dans un doux sommeil, le matin est le brillant réveil de la nature, auquel il aime à assister; c'est comme dit Hufeland, le moment où les idées sont plus claires, où le travail de la pensée est le plus facile. L'homme ne jouit jamais du sentiment de son existence avec autant de plénitude que par une belle matinée; celui qui ne sait pas profiter de ce beau moment perd la jeunesse de la vie.

CHAPITRE IX

ÉDUCATION ET HYGIÈNE DES SENS

L'éducation des sens est une partie essentielle de l'éducation physique et morale ; car, si les sens sont les instruments de nos facultés intellectuelles, plus ils seront développés, et plus la sphère de ces facultés sera étendue. On sait qu'un individu privé d'un sens est complétement étranger aux sensations qui se rattachent à ce sens. L'aveugle est privé des sensations que font naître la lumière et les couleurs : le sourd est dans le même cas pour les sons, etc. — Si l'on a reconnu les bienfaits de la gymnastique musculaire, on ne saurait méconnaître celle des sens ; il est rationnel de faire pour les organes sensitifs ce qu'on fait pour les organes locomoteurs. Notre tâche sera donc d'indiquer brièvement l'éducation spéciale qui convient à chaque sens.

Les sens, comme on sait, sont au nombre de cinq : le *tact* — le *goût* — l'*odorat* — la *vue* et l'*ouïe*. C'est par leur intermédiaire que l'homme se met en rapport avec le monde extérieur, et qu'il est averti de ce qu'il doit fuir ou rechercher. Leur fonction est donc de transmettre au cerveau les impressions qu'ils ont reçues, afin que celui-ci en ait la perception. La per-

7

ception est une opération complexe : il y a d'abord *impression*, puis *transmission* et enfin *perception.*

« Nos cinq sens, dit le savant Virey, sont compris entre l'organe de la pensée et celui de la génération, qui représentent les deux pôles de l'homme. Dieu ou la puissance inconnue, qui est la cime ou la perfection de l'âme, et la génération ou la nature créatrice, qui est la perfection du corps, président à ces deux extrêmes. Ces sept organes sont les sept cordes du daipason de l'organisation humaine ; leur accord compose la plus belle harmonie. L'organe le plus élevé donne le son le plus grave ; le sens le plus inférieur, le tact, donne le son le plus aigu. Nos facultés intellectuelles sont d'autant plus parfaites que tous nos sens conservent entre eux une correspondance bien proportionnée. Un œil mal conformé, une oreille fausse, transmettent au cerveau des impressions fausses et empêchent la justesse de l'esprit. Un œil, une oreille peuvent être séparément très-justes, mais, si leurs congénères sont de force inégale, l'ouïe et la vue seront fausses. »

Plus un sens est inférieur, plus sa fonction est animale, plus les voluptés qu'il procure sont matérielles ; au contraire les voluptés sont d'autant plus pures que le sens est plus supérieur. La vue et l'ouïe, ayant des rapports plus directs avec l'esprit, transmettent seuls les impressions qui nous donnent la notion du beau, du sublime. Le goût et le toucher, qui représentent la dernière note du diapason du corps, sont les organes de la sensualité. L'odorat est le sens intermédiaire : il tient aux sens supérieurs par la transmission des odeurs suaves qui exaltent l'imagination, comme l'encens dans les temples ; il tient aux sens inférieurs par la transmission des odeurs qui excitent la sensualité.

Le **tact,** de tous les sens le plus général, a une double importance et pour la vie organique et pour la vie de relation. L'impression tactile ayant son siége dans l'élément nerveux de la peau, il est tout naturel d'admettre que, plus la peau sera saine et pure, plus l'impression tactile sera facile.

Le tact est le premier des sens qui entre en action : l'enfant reçoit, en naissant, les impressions de l'atmosphère et des objets environnants ; il vit par le tact et l'instinct de nutrition.

S'il est utile à la santé d'accoutumer le corps aux vicissitudes atmosphériques, il ne l'est pas moins pour les arts et les sciences de conserver aux doigts leur sensibilité ; et plus cette sensibilité sera développée, plus le sens du toucher offrira de ressources.

Le toucher est le plus sûr des sens ; on cite une foule de faits extraordinaires relatifs à la précision de ce sens.

L'aveugle Saunderson, professeur de mathématiques à Cambridge, distinguait, parmi plusieurs pièces de monnaie, la pièce fausse qu'on y avait placée.

Un sculpteur aveugle modela, et avec une parfaite ressemblance, la statue de Cosme le Grand. Il fit également en plâtre les statues du pape Urbain VIII et du duc Bracciani.

L'aveugle Kersting avait tellement perfectionné son toucher qu'il lisait au moyen des doigts, et s'amusait à jardiner, à tailler et à greffer des arbres, d'une manière irréprochable.

De nos jours, M. Montal, aveugle de naissance, occupe le premier rang parmi les facteurs de piano ; l'exposition de Londres lui vota une médaille, et le président de la république française récompensa cet artiste remarquable en le nommant chevalier de la Légion d'honneur.

Les exercices du toucher peuvent se pratiquer de cent manières différentes ; ainsi, les yeux étant bandés :

Reconnaitre divers objets en les touchant.

Distinguer des pièces de monnaie :

Comprendre ce qu'on nous écrira, avec un crayon, dans le creux de la main.

Écrire correctement.

Mouler en terre ou en cire.

Tailler parfaitement sa plume.

Lire au moyen de lettres en relief.

Lire ensuite l'exergue des pièces de monnaie et des médailles.

Distinguer le feuillage des divers arbres.

Connaitre et désigner toutes sortes d'étoffes ; spécifier leur couleur.

Distinguer dans un grand nombre de feuilles de papier celles qui sont blanches, écrites ou imprimées.

Déterminer le degré du froid et du chaud, d'après le thermomètre.

Enfin, une foule d'autres exercices qui seront suggérés par l'esprit, les lieux et les circonstances. Ces exercices peuvent se faire en jouant, et leur application ne demande qu'un maitre ingénieux.

Le **goût** est une espèce de toucher : il est comme

la sentinelle avancée de l'estomac, laissant passer ce qui est favorable à cet organe et refusant ce qui pourrait lui être nuisible. Le tact et le goût sont deux sens essentiellement conservateurs et liés ensemble, car l'un serait incomplet sans l'autre.

Le goût, pour être sûr et délicat, exige le complet développement et l'intégrité de toutes les parties qui constituent l'appareil gustatile ; son hygiène prescrit l'exclusion de toutes les substances qui peuvent irriter ou endommager la langue et la muqueuse buccale ; exalter ou altérer leur sensibilité ; enfin, toutes les substances et habitudes qui peuvent tarir ou dépraver la sécrétion salivaire, tel que l'usage abusif des mets irritants, des alcooliques, de la pipe, du tabac, de l'opium, etc.

Les perversions du goût sont presque toujours le symptôme d'une affection de l'estomac et du système nerveux. Les personnes atteintes de gastralgies, de névroses ; les filles chlorotiques, n'ont plus le sens du goût dans l'état normal.

Lorsque la langue est recouverte d'un enduit saburral, le goût est obtus. L'abus des boissons gommeuses et opiacées endort le goût ; les boissons acides et toniques, au contraire, le réveillent, ainsi que les épices et les mets excitants.

Le sens du goût n'acquiert son perfectionnement que vers l'âge adulte ; alors, pour le conserver intact, il faut éloigner toutes les causes qui tendent à l'émousser ou à le dépraver.

Quant à la propension du goût pour telle ou telle saveur, chaque individu obéit à sa nature, à son sexe, à son âge, à son tempérament, à ses habi-

7.

tudes, d'où l'immense variété de goûts. Sans entamer cette question, nous dirons tout simplement qu'en général les enfants recherchent les douceurs, les hommes préfèrent les substances fortes et toniques, les femmes ont des goûts singuliers, variables et parfois très-bizarres.

L'odorat est un sens qui se lie intimement au goût ; sans lui on ne saurait avoir la sensation des parfums, des odeurs, de l'arome et fumet des diverses substances alimentaires. Ce sens, qui avertit, à distance, des bonnes ou mauvaises qualités de subsistances, est très-developpé chez les animaux ; les hommes à l'état sauvage l'ont beaucoup plus délicat que les hommes à l'état civilisé. — Plusieurs physiologistes voyageurs ont observé que les narines, les fosses nasales et tout le système olfactif, offraient un ample développement chez les sauvages de l'Amérique septentrionale, et surtout chez les Éthiopiens, qui passent pour avoir l'odorat très-fin.

L'odorat a son siége dans les nerfs olfactifs, dont le point le départ est au cerveau ; ces nerfs, passant à travers la lame criblée d'un petit os (*ethmoïde*). placé dans le plancher du crâne, vont se ramifier sur la membrane pituitaire qui tapisse l'intérieur des fosses nasales. Les odeurs ne sont autre chose que les molécules, infiniment ténues, des corps odorants qui s'échappent par la volatilisation et viennent s'accrocher à la muqueuse nasale ; alors, les nerfs olfactifs entrent en vibration et transmettent l'impression au cerveau ; tel est le mécanisme de la fonction olfactive et de la perception des odeurs.

L'usage des parfums se retrouve chez tous les

peuples, et particulièrement chez les Orientaux. L'abus des parfums énerve et amollit ; c'est ce qui explique l'esclavage où languissent certains peuples d'Asie. Rien n'enivre tant que certaines odeurs.

La perte partielle de l'odorat annonce toujours une altération de la muqueuse nasale, des végétations, à la surface de cette membrane, un polype, un squirre, etc. L'*anosmie*, ou absence complète de l'odorat, dépend d'une lésion du cerveau ou de la paralysie des nerfs olfactifs.

Les préceptes hygiéniques concernant l'odorat sont à peu près les mêmes que ceux pour la bouche. On recommande surtout aux femmes de ne point faire abus des parfums, de ne point vivre constamment dans une atmosphère embaumée d'odeurs pénétrantes ; par la raison qu'une excitation incessante fatigue les nerfs olfactifs et finit par émousser leur sensibilité.

L'**ouïe** est encore une espèce de tact.

La structure de l'oreille interne est très-compliquée ; on trouve la description du mécanisme de l'ouïe dans tous les traités de physiologie et d'acoustique. La membrane qui revêt le petit appareil nommé caisse du tympan, est une dépendance de la peau sur laquelle s'épanouissent les nerfs acoustiques. Les vibrations de l'air frappant cette membrane sont les excitants directs de l'ouïe.

L'on a dit avec vérité, que l'ouïe était un sens éminemment social ; car c'est par son intermédiaire que l'homme communique avec ses semblables, se civilise, et se perfectionne dans les arts scéniques. L'ouïe a donné naissance à la musique. Plus ce sens est délicat, et plus il rend apte à saisir les légères nuances des mélodies vocales et de comprendre les richesses de l'harmonie instrumentale.

Les passions les plus puissantes se soulèvent aux accents de l'enthousiasme, comme aussi les plus tendres émotions, les douces joies de l'espérance, se réveillent aux sons d'un luth d'amour. Le sourd, hélas! reste seul insensible à tous ces bruits d'amour, de gloire et d'ivresse.

Les anciens avaient parfaitement compris le rôle important que l'ouïe jouait dans notre organisation; ils se servaient de la musique pour calmer les affections de l'âme et combattre les maladies du corps. Le lecteur trouvera dans notre ouvrage intitulé : *Mystères du sommeil et du magnétisme animal*, des faits prodigieux sur l'influence de la musique et de la parole.

C'est le défaut d'équilibre dans les fonctions de l'ouïe qui est souvent la cause de ce qu'on nomme *oreille fausse*. Les maladies de l'oreille qui altèrent l'ouïe sont nombreuses et exigent un traitement spécial.

Les préceptes hygiéniques relatifs à la conservation de l'ouïe sont de se garantir des agents directs et indirects qui pourraient léser la membrane muqueuse qui tapisse le conduit auditif, tels que les attouchements rudes du cure-oreille, les liquides irritants, les courants d'air, les éclats soudains, les bruits violents, les explosions dont l'intensité pourrait déchirer et ensanglanter la muqueuse auriculaire et la membrane tympanique. La propreté de l'oreille est une condition de la santé; mais il faut se servir du curé-oreille avec légèreté, ne jamais l'enfoncer trop avant et ne point gratter longtemps, car ces manœuvres souvent répétées peuvent occasionner des lésions, dont la surdité devient la conséquence. Et, qu'on le sachè bien, la surdité est, de toutes les infirmités, celle qui afflige le plus l'homme, et sème sa vie d'amertumes et de tristesses.

L'éducation de l'ouïe est tout entière dans l'habitude du rhythme, car le rhythme est l'harmonie universelle, c'est le type des mouvements de la vie : les battements du cœur, l'inspiration et l'expiration, les mouvements de locomotion et tous les mouvements volontaires ou involontaires que l'homme exécute, sont soumis à une régularité rhythmique. La lecture, la déclamation, le chant, la musique, sont les éducateurs de l'ouïe. (Voyez notre ouvrage intitulé . *Hygiène de la voix et gymnastique des organes vocaux.*)

La **vue** est un sens soumis à l'empire de la volonté. De tous les sens, c'est celui qui est le plus voisin de l'âme, aussi en réfléchit-il toutes les impressions ; il petille dans la joie et se voile dans la tristesse. La puissance de ce sens se manifeste dans l'œil de l'astronome qui plonge dans l'immensité des cieux et suit la marche des planètes ; dans l'œil du naturaliste qui analyse l'insecte microscopique et découvre des détails infiniment petits.

L'appareil et le mécanisme de la vision sont très-compliqués ; la rétine, ou membrane formée par l'épanouissement du nerf optique, en est le siége. Tous les traités de physiologie et de physique donnent l'explication de sa composition et de son mécanisme; nous nous bornerons à dire que l'excitant de la vue est la lumière, qui, après avoir été réfractée par les diverses matières contenues dans l'œil (le *cristallin*, l'*humeur vitrée*, l'*humeur aqueuse*), tombe sur la rétine et y développe l'impression que les nerfs optiques transmettent au cerveau.

De tous les sens, il n'en est aucun de plus sujet à l'erreur que la vue. Souvent on croit voir ce qui n'est pas, et l'on est obligé d'avoir recours à d'autres sens pour rectifier les *illusions d'optique*. Aussi, nous pensons qu'il est très-utile d'exercer les yeux des jeunes sujets pour leur donner un coup d'œil sûr. Voici quelques exercices auxquels on pourra les soumettre :

On les habituera, d'abord, à reconnaitre de loin toute espèce d'objets, soit dans la campagne, soit à travers les vitres de l'appartement. Après qu'ils auront bien examiné l'ensemble d'un point de vue, on leur fera tourner les yeux, et on leur demandera la description des détails. Tantôt on les exercera à déterminer, au simple coup d'œil, la hauteur d'un arbre, la largeur d'une rivière, d'un fossé, et tantôt la distance d'un point à un autre. Les erreurs seront très-fréquentes d'abord, mais on les corrigera au moyen d'instruments géométriques.

On pourra encore les exercer à juger, de loin, la pesanteur d'un corps, d'après sa forme, son volume et sa nature : à leur faire tracer, tant bien que mal, les contours et sinuosités d'un ruisseau, d'une rivière, et à les rectifier ensuite sur une carte géographique. Rien ne s'oppose à ce qu'on multiplie ces petits exercices au dehors et au dedans, chaque jour et à chaque pas; l'intelligence des maitres ou des parents suppléera d'ailleurs aux détails que nous ne pouvons donner ici.

Le sens de la vue doit être attentivement surveillé dans l'enfance, parce qu'il prend aisément des habitudes vicieuses. On sait que, si le berceau de l'enfant est placé en face de la lumière, ses yeux regardent droit devant lui; mais, si la lumière lui arrive obliquement, l'enfant regarde de côté et peut-être affecté de strabisme. (Voyez, dans l'*Hygiène du visage*, l'article concernant les imperfections de la vue.)

L'hygiène oculaire consiste à entretenir la propreté des yeux et à éviter tout ce qui peut leur être nuisible : la fumée, la poussière, la lumière trop vive et l'obscurité profonde, le travail trop longtemps soutenu au flambeau, surtout lorsque ce travail a lieu sur des objets ténus, microscopiques. Le travail journalier, à une lumière intense et vacillante, fatigue beaucoup les yeux, parce que chaque oscillation force l'œil à changer son foyer; il faut l'interrompre aussitôt qu'on éprouve des picotements, sans cela on s'expose à diverses maladies des yeux, souvent graves et presque toujours funestes à la beauté du visage. La flamme blanche est celle qui fatigue le plus; vient ensuite la flamme rouge; on devrait, en toute circonstance, préférer une lumière uniforme, douce et tranquille. Le passage brusque d'une obscurité profonde à une vive lumière, *et vice versa*, est très-nuisible à la vue. On ne doit opérer ce passage que graduellement. Du reste, le jour nous indique, par ses deux crépuscules du soir et du matin, que rien ne s'opère brusquement dans la nature; imitons son exemple.

Moins on exerce les yeux, moins ils acquièrent de force. Les lunettes, loin de les fortifier, les affaiblissent au contraire. Nous conseillons aux jeunes personnes de ne point en faire usage, à moins d'une myopie au dernier degré.

Nous dirons, pour résumer tout ce qui précède, que l'excès d'exercice, comme l'excès de repos d'un sens, en altère les fonctions, les dénature. Le repos prolongé monte la sensibilité sensorielle à un degré maladif; ainsi l'oreille, habituée à un profond silence, se trouve blessée par des sons ordinaires; la trop grande activité des sens, leur stimulation outrée et longtemps continuée, détruit leur finesse, les blase; ainsi, les individus qui abusent des mets de haut goût, des liqueurs fortes, finissent par trouver fades les mets les plus irritants, les boissons les plus incendiaires.

L'hygiène des sens n'a pas seulement pour objet leur conservation, elle est encore appelée à concourir à leur éducation, car l'éducation les développe et rend leur action plus sûre. Or, plus la délicatesse des sens est exquise, plus la vie de relation est étendue. Les moyens et modificateurs hygiéniques propres à perfectionner les organes sensoriaux sont exposés, avec détail, dans les divers articles de nos ouvrages, qui traitent de ces organes en particulier.

CHAPITRE X

DES ATTITUDES AGRÉABLES ET DÉSAGRÉABLES

Moyens de corriger les attitudes vicieuses.

Les attitudes déterminées par nos mouvements volontaires, soit pendant la station, soit pendant la locomotion, sont pour le torse et les membres ce que l'expression physionomique est au visage : elles se trouvent si intimement liées aux affections de l'âme qu'elles peuvent suppléer au langage pour rendre avec énergie ces affections. Réglées par l'art, les attitudes ajoutent à l'harmonie des formes, à la régularité des proportions et aux charmes de la beauté. Un maintien noble, assuré, des poses gracieuses, des manières prévenantes, une présentation facile et dégagée de toute affectation constituent un ensemble d'attitudes d'un effet si puissant, dans le monde, qu'elles l'emportent souvent sur les dons les plus précieux de la nature.

L'influence des belles attitudes ne se borne pas seulement à faire ressortir les agréments de la personne, elle porte encore son action sur les organes et favorise leur développement. Ces avantages, si précieux pour la jeunesse, doivent engager les parents à faire contracter à leurs enfants les attitudes

8

les plus favorables à la beauté du corps et à réprimer constamment les attitudes vicieuses.

Tête et cou. — La tête a une grande disposition à s'incliner en avant et sur les côtés. Lorsque le vice n'est pas encore trop enraciné, de simples moyens de gymnastique suffisent pour l'extirper. L'inclinaison en avant résulte généralement de l'habitude vicieuse de regarder les objets de trop près ; elle a le double inconvénient de nuire au maintien et au développement de la poitrine. Le moyen le plus généralement employé pour maintenir le cou dans sa position verticale est un col de fort carton très-élevé antérieurement. L'inclinaison latérale cède également à l'usage du demi-col de carton, aidé de tractions cervicales fréquentes, faites du côté opposé à l'inclinaison.

Les positions vicieuses qui dépendent d'une lésion musculaire, d'une cicatrice, d'une difformité, réclament les secours de la médecine ou de la chirurgie.

La facilité avec laquelle le cou exécute des mouvements en tous sens, selon les diverses inclinaisons et positions de la tête, l'expose, plus que toutes les autres parties du corps, à l'influence des attitudes vicieuses; c'est pour ce motif que, chez les jeunes personnes, ces attitudes doivent être l'objet d'une scrupuleuse attention.

Épaules et poitrine. — Un vice très-commun chez les jeunes sujets est de porter les épaules en avant ; cette attitude exerce une pernicieuse influence sur la boîte osseuse de la poitrine et sur les importants organes qu'elle contient. Les mères doivent

continuellement combattre cette disposition vicieuse
des épaules chez les enfants qui la présentent, et les
habituer, dès le bas âge, à effacer les épaules. On parvient à rejeter les épaules en arrière et à redresser
les dos voûtés, au moyen de bandages, de corsets
orthopédiques et surtout d'exercices gymnastiques ;
on fait ressortir les poitrines rentrées et on les amène
à un développement convenable par différents exercices de bras qu'enseigne la gymnastique médicale.
Relativement aux épaules d'inégale hauteur, c'est
encore la gymnastique bien dirigée qui les ramène
au même niveau. Au chapitre gymnastique médicale, nous aurons occasion de citer plusieurs exercices suivis de guérison.

Bras. — La mauvaise habitude de laisser tomber
les bras en avant resserre la poitrine, arrondit les
épaules, et bientôt l'épine dorsale participe à ce vice
et se voûte. Les exercices gymnastiques, propres à
ramener les bras en arrière et faire ressortir la poitrine, détruisent facilement les pernicieux effets de
cette mauvaise habitude.

Les déviations des *genoux* et des *pieds*, soit en dedans, soit en dehors, forcent à des attitudes aussi
pénibles que désagréables à voir ; traitées dès le bas
âge, ces déviations cèdent assez facilement aux différents moyens orthopédiques dirigés contre elles ;
négligées, au contraire, elles deviennent incurables.

La **flexion** permanente des genoux constitue également une attitude fort disgracieuse. L'habitude de
marcher les genoux fléchis occasionne un état de
contraction et de rigidité dans les muscles fléchis-

seurs qui, plus tard, s'oppose à l'extention facile et complète du membre. Lorsque la flexion résulte de l'épuisement des forces vitales ou d'une faible constitution, le régime fortifiant et tonique, les frictions aromatiques, les bains froids, la gymnastique, obtiennent presque toujours le succès désiré. Si la rigidité musculaire dépend uniquement de l'habitude, on retire d'excellents effets des onctions, sur la partie, avec des graisses animales, celles des palmipèdes surtout; à ces onctions, souvent réitérées, on joint les mouvements d'extension et de flexion, exécutés avec beaucoup de ménagements. Ce moyen est applicable à toutes les rétractions musculaires en général.

Pieds. — Il y a des pieds dont la pointe est tournée en dedans, d'autres l'ont trop en dehors, ce qui est également disgracieux. Beaucoup de personnes marchent en dedans, beaucoup d'autres marchent en dehors, c'est-à-dire sur le bord extérieur du pied; tout ceci n'est qu'habitude, et se corrige par une attention soutenue et des exercices en sens contraire de la position vicieuse.

Un des plus beaux résultats de l'éducation physique est l'art de se bien tenir, d'exécuter avec grâce et précision les divers mouvements et poses naturels à l'homme, car les belles attitudes ajoutent à l'harmonie des formes, à la régularité des proportions et aux charmes de la beauté. Les attitudes et poses du corps peuvent, ainsi que les mouvements du visage, exprimer nos sentiments et nos affections, nos plaisirs et nos douleurs; dans tous les cas ils décèlent la position sociale et le degré d'éduation.

La rectitude et la souplesse sont les premières conditions de l'art des mouvements et des attitudes; aussi, dans les statues antiques, remarque-t-on ces deux qualités qui en font de précieux modèles.

L'habitude des attitudes vicieuses peut donner lieu à des altérations de station et à des déviations de la colonne vertébrale. La débilité des muscles, d'une part, et d'une autre part l'immobilité ou la répétition trop fréquente des mêmes attitudes sont évidemment des causes de déviations.

La flexion permanente du corps en avant annonce la faiblesse ou la fatigue. — L'attitude nonchalante, indéterminée, le besoin d'un point d'appui, se rencontrent chez les personnes lymphatiques et coïncident avec le dégoût dont ces personnes sont affligées pour toute espèce d'exercice. — Les bras qu'on jette sans cesse derrière le dossier d'une chaise font pressentir une torsion de la colonne spinale. — Les deux pieds constamment posés l'un devant l'autre, lorsqu'on est debout, sont l'indice d'une déformation vertébrale. — Une épaule plus haute que l'autre dénote la même déformation. — L'attitude verticale nécessite plus de déploiement de forces qu'on ne le suppose communément; il ne faut pas moins que le concours de tous les muscles réunis pour se tenir en équilibre. — On ne doit jamais prolonger la station verticale chez les jeunes sujets faibles, parce que cette position les fatigue et nuit à leur développement. Après la fatigue des muscles, surviennent des crampes ou des engourdissements qui font éprouver des douleurs plus ou

moins vives. Les mêmes observations s'appliquent
à la position assise, qui fatigue les muscles abdominaux lorsqu'on reste trop longtemps dans cett attitude. Ceci nous amène à dire que les tabourets et
siéges sans dossier, dont on se sert pour l'étude du
piano, sont une cause très-fréquente de déviation
vertébrale chez les jeunes filles.

Nous ferons suivre ces considérations de la judi-
cieuse observation d'un médecin distingué, M. Bu-
reaud Riofrey, dont l'excellent ouvrage sur l'*Hygiène des filles avant le mariage* nous a été d'un
grand secours. Ce livre devrait être non-seulement
dans les mains de toutes les mères, mais encore
dans celles des praticiens qui y puiseraient d'utiles
enseignements.

« Dans la station sur les genoux, la base de sus-
tentation n'ayant aucune étendue en avant, on a
besoin d'un appui ; si l'on est privé de cet appui,
les muscles de la colonne vertébrale redoublant
d'efforts pour soutenir le poids du corps et maintenir l'équilibre, la fatigue et la douleur se font sentir aux lombes ; et, comme cette station est sans
aucune utilité, qu'elle n'est usitée, dans le culte ca-
tholique, que par suite d'un préjugé et par un excès
d'humilité mal entendue, nous la blâmons doublement parce qu'elle n'a aucune excuse. »

Enfin, nous terminerons en recommandant aux
parents et aux chefs d'institution de surveiller attentivement les attitudes des enfants, afin de corriger immédiatement celles qui sont vicieuses. Ils
éviteront de prolonger les attitudes verticales, de
même que l'attitude assise et toutes celles qui

exigent des efforts musculaires; c'est le moyen naturel de n'apporter aucun obstacle au libre développement du sujet.

DU MAINTIEN ET DE LA MARCHE

Un maintien agréable, des mouvements distingués, une démarche légère, assurée, non-seulement
complètent la beauté, mais sont encore le signe
d'une bonne éducation; et, quoique l'aisance du
maintien, la grâce, la noblesse des manières soient
un don naturel et presque une transmission héréditaire, dans les classes de la haute société, l'art ainsi
que l'étude peuvent les faire acquérir aux personnes
qui en sont privées.

Le maintien et la marche sont sujets à des diffé-
rences majeures dans les deux sexes; ainsi, les
dames qui désirent être gracieuses, élégantes et
admirées dans leur maintien ou leur marche, devront retenir et pratiquer les préceptes suivants:

Dans l'attitude assise, les pieds se tiennent croi-
sés, de façon à ce que le pied gauche soit appuyé
sur la plante dans toute sa longueur, tandis que le
pied droit, placé sur le gauche, ne touche le sol que
de sa pointe et présente son talon à la hauteur de la
malléole de la jambe gauche. Cette position a l'a-
vantage de faire ressortir la courbe du cou-de-pied
et de donner au pied une forme plus effilée. Il faut
éviter, en se tenant ainsi, le contact du soulier avec
le bas. — La femme ne doit jamais croiser les genoux; c'est une attitude tout à fait masculine. —
Le corps se tient droit, les épaules sont effacées,

l'avant-bras gauche s'applique horizontalement à la base de la poitrine ; la main reste ouverte et les doigts sont légèrement écartés. — Le bras gauche suit mollement la direction du corps et s'appuie sur la cuisse correspondante ; pour produire un gracieux effet, la main doit être un peu arquée ; les doigts index et auriculaire seront médiocrement séparés du médius et de l'annulaire : ces deux derniers resteront accolés l'un à l'autre ; le pouce doit être également séparé de l'index. Cette pose est charmante, mais il faut redouter l'immobilité automatique ; on la réserve pour les circonstances où les mains n'ont rien à tenir ; dans le cas contraire, une fleur, un éventail, un écran, ou tout autre objet, manié avec grâce, ajoutent à l'élégance du maintien.

Les préceptes relatifs à la marche sont : de porter la pointe du pied un peu en dehors, de la poser la première sur le sol et de laisser tomber le talon ensuite : ces deux mouvements doivent immédiatement se suivre pour être imperceptibles. Les pas ne doivent jamais être ni trop allongés, ni trop raccourcis. Pendant la progression, le corps sera parfaitement d'aplomb sur le bassin. Les hanches resteront immobiles, tandis que la ceinture souple et flexible suivra, sans affectation, les mouvements imprimés au torse. — Le ventre doit rentrer légèrement afin de faire saillir la masse fessière. — Le cou droit, sans roideur, ne doit jamais imprimer des mouvements brusques à la tête, ni celle-ci se pencher trop en avant ou trop en arrière ; on peut quelquefois, selon les occasions, incliner doucement la tête sur l'un de ses côtés, ce qui donne à la physionomie une expression de timidité, de langueur, qui a ses charmes.

Contrairement à ce qui a lieu chez l'homme, l'usage veut que les bras de la femme ne lui servent point de balancier pendant la marche. Ainsi, elle doit fixer l'un de ses bras au niveau de la ceinture, le poignet entièrement dégagé, et laisser tomber mollement l'autre bras sur le côté du corps. Néanmoins, dans la marche accélérée, il est difficile qu'un mouvement de balancier ne soit pas imprimé aux deux bras. Pendant la marche lente (*promenade*), les mains peuvent se croiser quelquefois en avant, mais jamais en arrière; cette attitude est exclusive à l'homme. Il faut se garder surtout de jeter les coudes en arrière, lorsqu'il sont fléchis, et de les serrer contre la taille, car, dans cette position, les bras ressemblent assez aux longues pattes des sauterelles en repos; c'est ce qui a donné lieu au proverbe *se tenir en sauterelle*. Enfin, dans aucun cas, les bras ne doivent être ni roides ni balants.

CHAPITRE XI

DES TICS OU HABITUDES VICIEUSES QUI NUISENT
A LA BEAUTÉ

On a donné le nom de tics à certains mouvements musculaires vicieux qui, à force d'être répétés, deviennent, pour ainsi dire, naturels. Ainsi, le plissement de la peau du front, le froncement des sourcils, d'où résultent des rides plus ou moins profondes; le rapprochement des paupières, la dilatation des narines, le reniflement, le soulèvement convulsif des ailes du nez, les claquements de la mâchoire; la bouche béante; l'introduction des doigts dans le nez pour le gratter, ou dans la bouche pour se ronger les ongles; les mouvements saccadés de la tête, des épaules, des bras et des jambes; les balancements continuels du corps et des bras, les attitudes vicieuses, contre nature, etc., sont des tics qui font presque toujours naître une prévention contre l'éducation ou l'esprit de ceux qui en sont affectés; souvent même ils altèrent la physionomie au point de rendre les personnes à charge et même insupportables.

Moins les tics sont anciens, plus il est facile de les détruire; lorsqu'ils ne dépendent pas d'une altération organique, il suffit ordinairement d'une volonté ferme, d'une observation incessante, pour s'en débarrasser; dans le cas contraire, il faut avoir recours à l'art médico-chirurgical.

Les moyens de remédier aux rides du front et aux plis de la racine du nez, provenant du froncement des muscles sous-cutanés, ont été indiqués dans l'*hygiène médicale du visage*.

Le rapprochement des paupières, occasionné par l'impression d'une trop vive lumière, disparaît toujours avec la cause qui le produit; ce même vice, causé par la myopie, cède le plus souvent à l'empire de la volonté. Il en est de même pour les mouvements convulsifs des ailes du nez et de la bouche, pour la dilatation des narines par l'introduction des doigts, pour les tics de la tête, des membres et pour les divers mouvements saccadés du corps. Lorsque la volonté ne suffit pas, on a recours à des bandages, à des moyens de compression et d'arrêt qui, appliqués selon les règles orthopédiques, ne tardent pas à obtenir le succès désiré.

Bouche béante. — Si l'ouverture médiocre et momentanée des lèvres indique un auditeur attentif, une bouche sans cesse béante annonce un esprit pauvre et quelquefois l'idiotisme; dans ce dernier cas, le vice est incurable, parce qu'il dépend d'une lésion ou d'une imperfection des fonctions intellectuelles. Mais, lorsque l'ouverture permanente de la bouche dépend d'une habitude contractée, sans lésion physique, ou d'une obstruction du canal nasal, on peut y remédier plus ou moins facilement. Une attention soutenue, les admonitions incessantes des parents, parviennent ordinairement à réprimer ce défaut lorsqu'il est le résultat de l'habitude; dans

le cas où la respiration par le nez ne peut s'exécuter librement, soit parce que la muqueuse du
canal nasal est épaissie, soit parce qu'il existe, dans
son trajet ou près de ses ouvertures, une concrétion,
une végétation quelconque, c'est à l'art chirurgical
d'enlever ces obstacles, de nettoyer le canal et de le
ramener à son état normal. On parvient ordinairement à combattre la gêne de la respiration nasale,
causée par l'épaississement de la membrane pituitaire qui tapisse les fosses et les cornets nasaux, par
des injections faites avec un mélange de lait chaud
et de suc de pariétaire ou de cresson. •

CHAPITRE XII

BROMATOLOGIE

ou

Art de choisir, de préparer les aliments et boissons.

Par la conformation de ses voies digestives, l'homme est polyphage, c'est-à-dire propre à manger de toute espèce d'aliments ; il jouit de ce privilége sur les autres animaux et puise abondamment, dans les trois règnes de la nature, les aliments qui conviennent le mieux à ses goûts et à son organisation.

Le règne végétal lui fournit une grande variété de fruits, de plantes légumineuses, d'herbes potagères, etc. Les céréales forment chez plusieurs grandes nations la partie essentielle de la nourriture.

Le règne animal lui offre des viandes plus ou moins succulentes et chargées d'osmazôme : parmi les quadrupèdes, le bœuf, le mouton, le porc, le chevreuil, le lièvre, le lapin, etc.; parmi les oiseaux, le dindon, l'oie, la poule, le pigeon, le canard, la perdrix, le coq de bruyère, le faisan, la bécasse, le râle, la caille, l'ortolan, etc., etc. La mer et les rivières lui fournissent aussi une immense variété de poissons.

9

C'est encore du règne animal qu'on tire les graisses, le beurre, le fromage, les salanganes, etc.

Le règne minéral ne lui fournit que le sel qui est un condiment indispensable, et quelques acides avec lesquels il prépare des boissons rafraîchissantes.

Si la qualité et la quantité relative des aliments, si la nutrition, s'opérant naturellement et selon les lois physiologiques, sont des conditions indispensables à la santé, ces mêmes conditions ne sont pas moins nécessaires au développement des formes et à la beauté.

Les substances alimentaires furent de tout temps l'objet d'études et de travaux suivis; de là, les nombreuses classifications d'aliments admises et rejetées tour à tour, selon les progrès de la science. L'ancienne classification que l'on trouve dans les ouvrages d'hygiène du siècle dernier admettait huit groupes d'aliments :

1° Les fibrineux; — 2° les gélatineux ; 3° les fibrino-gélatineux; — 4° les albumineux ; — 5° les féculents ; — 6° les mucilagineux ; 7° les oléo-butyreux; — 8ᶜ les caseux.

Mais les rapides progrès de la chimie firent bientôt reconnaître les vices de cette classification; les substances alimentaires furent soumises à l'analyse; on en découvrit les principes et les propriétés, et, dès lors, on les distingua tout simplement en deux genres :

1° Les aliments *azotés ou plastiques*, c'est-à-dire fournissant les éléments nécessaires à l'accroissement et à l'entretien de la machine humaine :

La chair et le sang des animaux;

La fibrine végétale ;

L'albumine végétale ;

La caséine végétale ;

2° Les aliments *combustibles* ou *respiratoires*, c'est-à-dire rendant au sang l'hydrogène et le carbone que consume la respiration :

La graisse ;

L'amidon ;

La gomme ;

Le sucre ;

La pectine ;

La bassorine ;

La bière, le cidre, le vin, l'eau-de-vie, etc.

Ces aliments, pris seuls à l'exclusion des aliments azotés, ne pourraient sustenter l'individu, par la raison que certains organes de l'économie, n'y rencontrant pas les matériaux nécessaires à leur entretien, iraient les emprunter à d'autres organes d'où résulterait un dépérissement plus ou moins sensible ; et, si cette alimentation était continuée, la souffrance ne tarderait pas à peser sur l'organisation entière et la maladie à se manifester.

Une autre classification, qui nous a paru plus physiologique, c'est-à-dire plus en rapport avec les lois de la physiologie, est celle du professeur **Millon**, savant des plus distingués dont la place est marquée à l'Institut de France. Cette classification comprend toutes les subtances alimentaires en trois grandes catégories :

1° Les aliments *hydro-carbonés* (combustibles, respiratoires), formés d'eau et de carbone, tels que les sucres, les gommes, les fécules, les mucilages, l'amidon, etc., etc. Ces substances, qui entrent dans notre nourriture journalière, offrent un phénomène très-remarquable : *elles sont incessamment détruites par la combustion générale qui entretient la vie, et, malgré la masse énorme qu'on en absorbe chaque jour, l'analyse chimique n'en retrouve que de faibles traces dans les parties fluides et solides de nos organes.*

A cette catégorie appartiennent les aliments tirés du règne végétal. Quoique les végétaux, en général, ne renferment que peu ou point d'azote, il en est cependant, tels que les céréales, les pois, les haricots, les lentilles, etc., qui en contiennent une certaine quantité. Les principes azotés de ces végétaux sont la fibrine, l'albumine végétale et la caséine, qu'on rencontre dans le péricarpe des graines. Or, la fibrine, l'albumine et la caséine, sont les aliments azotés des herbivores ; car, sans azote, ils ne sauraient vivre longtemps.

2° Les **albuminoïdes**, ou aliments *azotés plastiques*, formés d'hydrogène, d'oxygène, de peu de carbone et de beaucoup d'azote : la chair, le sang, les cartilages, la gélatine, le gluten des céréales, la légumine des haricots, des pois, des lentilles, etc., l'albumine des pommes de terre, etc., etc. Ces substances contiennent les éléments plastiques du parenchyme de tous nos organes ; on les rencontre partout, depuis l'enveloppe cutanée jusque dans la moelle des os.

3° Les *corps gras*, ou aliments qui contiennent beaucoup de carbone et d'hydrogène, peu d'oxygène et point d'azote : les suifs, les graisses et les huiles animales ou végétales, le beurre, etc. Les graisses

fournies par les végétaux et les animaux sont iden-
tiques, c'est-à-dire que l'analyse chimique y découvre les mêmes principes.

Cette classification nous a semblé préférable à la
précédente; d'abord, parce quelle fait connaître la
destination des aliments sur tel ou tel groupe d'organes et le mode de nutrition; ensuite, parce quelle
peut nous éclairer sur le régime alimentaire qui
convient le mieux à chaque constitution, à chaque
tempérament. Or, les lumières que nous fournit
cette classification, sur la transformation des aliments en sucs nutritifs et sur leur direction vers
tel ou tel organe, nous conduit aux corollaires suivants :

A. Les aliments de la première catégorie répan-
dent partout leur carbone, qui, se brûlant sans cesse,
distribue au corps la chaleur vitale. Ils conviennent
aux organisations nerveuses, sèches, délicates, excitables, qui perdent beaucoup par leur grande activité et qu'il serait nuisible de stimuler. Ces aliments
ont l'avantage d'entretenir les forces sans surexciter.

B. Les aliments de la deuxième catégorie servent
à la formation, à l'entretien et à l'accroissement de
nos organes, et particulièrement à la nutrition des
muscles. Ils conviennent parfaitement pour relever
les forces abattues et donner au système musculaire
la prépondérance sur les autres systèmes.

C. Les aliments de la troisième catégorie pénètrent tous les tissus et s'y déposent intérieurement
sous forme de graisse. Lorsque les aliments de la
première catégorie, c'est-à-dire ceux qui servent à
la combustion quotidienne, viennent à être suppri-

més par cause de maladíe, la graisse de notre corps est résorbée et se brûle à son tour pour entretenir la chaleur vitale. Il semblerait que la graisse est au corps vivant ce que l'huile est à la lampe allumée. C'est pour ce motif que les personnes grasses, affectées de maladies graves, peuvent supporter longtemps une diète absolue, à laquelle ne résisterait point une personne maigre. On sait que les animaux *hibernants* restent trois et quatre mois sans manger; c'est aux dépens de leur graisse que la vie s'entretient dans leurs corps engourdis. On sait encore que les habitants des régions polaires et ceux des contrées moins froides font instinctivement une énorme consommation d'aliments gras. Les Lapons, les Eskimaux, les Groënlandais, etc., font même usage d'huile pour boisson, probablement parce que la combustion vitale languirait si elle n'était continuellement alimentée par l'ingestion de substances grasses.

L'expérience se joint à la théorie pour démontrer que l'exclusion des substances grasses du régime alimentaire diminue le volume des organes et conduit à la maigreur; leur excès, au contraire, les amplifie, distend outre mesure les tissus élastiques et mène à l'obésité. — Les aliments gras doivent donc composer, en grande partie, le régime des gens maigres qui désirent engraisser. Les personnes trop grasses ou qui ont une disposition à l'obésité, doivent les rejeter complètement de leur nourriture.

Quoi qu'il en soit de ces clasifications bromatologiques, nous dirons, avec vérité, que l'homme étant polyphage par son organisation, c'est-à-dire herbi-

vore, frugivore et carnivore à la fois, la nourriture
qui lui convient le mieux se trouve dans la variété
des substances alimentaires. En effet, si l'on tient
compte des quantités d'azote, de carbone et d'eau
qu'il prend, sous forme d'aliment, on verra que les
dix onzièmes de l'azote sont éliminés par l'urine, que
le carbone est resté dans le sang pour fournir à la respiration ou fonction pulmonaire, et que les deux tiers
de l'eau sont rejetés par l'urine et la transpiration
cutanée. En un mot, les aliments, après la digestion,
sont décomposés : en urine dans les reins, en acide
carbonique dans le poumon et en eau dans les vaisseaux exhalants ; d'ou il résulte la nécessité de prendre une nourriture azotée et hydro-carboné. Cette
vérité est, d'ailleurs démontrée par l'instinct qui
porte l'homme à chercher ses aliments dans le
règne animal et végétal ; par la nature elle-même
qui lui offre, à chaque saison, des plantes alimentaires et des fruits différents. D'où, enfin, il faut
conclure qu'une nourriture animale et végétale à la
fois est la plus favorable à la santé.

SECTION II

**Considérations et expériences fort intéressantes sur les di-
verses substances alimentaires, sur la digestion, l'assimilation et sur les phénomènes chimiques de la respiration.**

Nous venons de voir que les aliments contenaient
du carbone, de l'ydrogène et de l'azote, en proportions plus ou moins élevées, selon la catégorie à laquelle ils appartiennent. Ces principes chimiques
sont si essentiels à l'organisation vivante, que la di-

minution de quantité attaque les sources de la vie et la suppression entraîne la mort.

Les organes de la digestion et de l'assimilation, qu'on pourrait nommer le laboratoire de la vie, possèdent la faculté de préparer les sucs nutritifs qui sont déversés dans le torrent de la circulation, où ils se transforment en sang noir. — Le sang à son tour a la propriété de former les cellules, les membranes, les nerfs, les tendons, les os et les divers tissus qui composent un corps vivant.

Le sang contient beaucoup d'hydrogène et de carbone, et ce sont les aliments qui les lui fournissent.

La cause de la chaleur vitale se trouve dans la combustion du carbone du sang, par l'oxygène de l'air, pendant la fonction de la respiration ; aussi le mot *respirer* est synonyme de *vivre*. Voici, en quelques lignes, l'explication de ce phénomène.

A chaque inspiration, l'oxygène que contient l'air inspiré pénètre dans les vésicules bronchiques et passe dans le sang veineux, riche en acide carbonique. En vertu des lois physiques de l'échange des gaz, l'oxygène de l'air remplace, dans le sang veineux, l'acide carbonique expulsé à chaque expiration. Au moment de cet échange de gaz, le sang, de noir qu'il était, devient rutilant et emporte l'oxygène dans le torrent circulatoire artériel. Ainsi introduit dans la circulation l'oxygène se trouve en présence de divers principes que la digestion verse incessamment dans le sang, tels que sucres, alcool, graisses, etc., et se combine avec leur carbone et leur hydrogène ; alors, s'opère une combustion latente qui commence probablement dans les artères et s'accomplit dans les vaisseaux capillaires.

L'hydrogène et le carbone du sang étant sans cesse brûlés par l'oxygène de l'air inspiré, il devient indispensable qu'ils soient incessamment renouvelés ; car, si les aliments ne fournissaient pas le carbone et l'hydrogène nécessaires, la combustion se ferait aux dépens des organes et bientôt surviendraient des perturbations dans la santé (1).

La quantité de sang d'une personne adulte est évaluée à douze mille grammes, dont 80 pour 100 d'eau. — Pour transformer le carbone et l'hydrogène, contenus dans cette quantité de sang, en acide carbonique, il faut quatre mille deux cent soixante onze grammes d'oxygène. Or, cette quantité d'oxygène, arrivant par la respiration, pénètre le sang dans l'espace de quatre jours et cinq heures, d'après les calculs du savant Liebig.

Les aliments pris par un adulte, dans un jour, représentent quatre cent trente-cinq grammes de carbone ; ces quatre cent trente-cinq grammes s'échappent par le poumon et la peau, c'est-à-dire pendant la respiration et la transpiration, sous forme d'acide carbonique. Et pour que les quatre cent trente-cinq grammes de carbone puissent être transformés en acide carbonique, il faut la présence de onze cent-cinquante-sept grammes d'oxygène, quantité absorbée dans un seul jour.

La quantité d'oxygène absorbée par le poumon dépend non-seulement du nombre des inspirations,

(1) Voyez notre ouvrages intitulé *Hygiène de la voix*, où sont décrits avec détails les phénomènes chimiques de la respiration.

mais encore de la température et de la densité de l'air. — L'air froid contient plus d'oxygène que l'air chaud : c'est pourquoi on respire plus d'oxygène en hiver qu'en été ; plus dans les pays froids que dans les pays chauds. En hiver, et dans les contrées froides, la quantité d'acide carbonique chassée du poumon est plus considérable qu'en été : d'où il résulte qu'on mange plus par un temps froid que par un temps chaud ; que l'appétit est plus développé en hiver qu'en été ; cela dépend absolument de la déperdition du carbone du sang.

La quantité des aliments dont le corps a besoin est généralement réglée sur le nombre des inspirations pulmonaires. Plus une personne respire activement, et plus elle mange ; au contraire, moins sa respiration est active, et moins elle consomme d'aliments. En d'autres termes, la quantité de nourriture hausse ou baisse selon la rapidité ou la lenteur de la fonction pulmonaire.

Les oiseaux, qui possèdent un système pulmonaire très-développé, mangent continuellement, parce qu'ils consomment une énorme quantité d'oxygène ; les reptiles, au contraire, dont la respiration s'opère avec une lenteur remarquable, peuvent rester des mois entiers sans manger. — Les enfants, chez qui l'activité pulmonaire est très-grande, mangent à tous moments et sont incapables de supporter la faim. — Les travailleurs et tous ceux qui font une grande dépense pulmonaire mangent plus souvent et davantage que les individus sédentaires, parce que dans l'état de repos, la déperdition respiratoire est moindre que dans l'état d'agitation et de travail.

Cette démonstration prouve que plus on inspire d'oxygène, plus on expire d'acide carbonique, et partant plus on a besoin de manger, pour réparer les pertes faites par la respiration ; mais alors il faut savoir choisir, parmi les aliments, ceux qui, selon la circonstance actuelle, sont les plus réparateurs.

Nous avons déjà dit que les aliments azotés, tels que le sang et la chair, la fibrine, l'albumine, la légumine, le gluten, la gélatine, etc., contenaient fort peu de carbone, tandis que les substances alimentaires hydro-carbonées étaient riches en carbone. Les personnes grasses, sédentaires, qui perdent peu par la respiration et la transpiration, se trouveront bien de l'usage des aliments azotés. — Les personnes maigres, actives, chez lesquelles se fait une grande déperdition pulmonaire et cutanée, doivent, dans l'intérêt de leur santé, choisir leurs aliments parmi les substances hydro-carbonées.

L'analyse chimique a démontré que quatre kilogrammes de viande ne contenaient pas plus de carbone qu'un kilogramme de fécule. Cette énorme différence explique pourquoi les carnivores consoment beaucoup de viandes, afin de trouver, dans la quantité, le carbone indispensable à la vie. — On a expérimenté qu'un homme qui mangerait une livre de viande et une livre de fécule vivrait en parfaite santé ; tandis que s'il ne mangeait ni pain, ni aliments féculents, il lui faudrait quatre livres et demie de viande pour se procurer le carbone nécessaire à la respiration.

Les céréales et autres végétaux alimentaires contiennent plusieurs principes essentiels à l'entretien de la vie. — Quelques-uns de ces principes, comme l'*amidon,* le *sucre* et la *gomme,* sont très-riches en carbone et nous avons déjà dit que la combustion du carbone, du sang, par l'oxygène de l'air, était la source de la chaleur vitale. Les autres principes

SECTION III

Distinction des viandes. — Leur composition chimique.

Les viandes ont été distinguées en trois genres :
les noires, les rouges et les blanches.

Viandes noires. — Très-animalisées à cause de
la grande quantité de fibrine et d'osmazôme qu'elles
contiennent, ces viandes sont excitantes et très-nu-
tritives. Le chyle qu'elles produisent accroît l'énergie vitale et les forces musculaires; mais, si l'on en
abuse, le sang, devenu trop plastique, trop excitant,
peut donner lieu à des maladies inflammatoires, à
des hémorragies, à l'apoplexie !

Parmi les animaux à chair noire, on distingue
surtout le cerf, le chevreuil, le lièvre, le sanglier, le
vieux porc mâle, etc. Parmi les oiseaux : la bécasse,
la bécassine, le canard, tous les oiseaux à becs fins
et les palmipèdes

Les viandes noires conviennent aux habitants des
pays humides, aux hommes adonnés aux travaux
physiques et qui digèrent facilement. — Les habitants des pays méridionaux, les hommes d'un tempérament bilieux, à fibres sèches, doivent en user
très-sobrement et s'en abstenir pendant les chaleurs
de l'été. Nous ferons observer, en passant, que la
discipline ecclésiastique a commis une grave erreur
en mettant le gibier d'eau et les poissons, à fibres
brunes ou rouges, au nombre des aliments maigres :
ces viandes, beaucoup plus excitantes que celles d'a-
gneau, de veau, et même de bœuf, sont tout à fait
contraires au but qu'on s'était proposé.

Nous dirons, en passant, que les viandes faisandées ou qui ont subi un commencement de putréfaction, comme le faisan, la perdrix, la bécasse, le chevreuil, etc., ne conviennent nullement à nos climats. Si les habitants des régions polaires peuvent se nourrir impunément de chairs de poisson à moitié putréfiées, il n'en est pas de même chez nous : les viandes faisandées, qu'estiment certains gourmets à goût blasé, peuvent occasionner de graves irritations du tube digestif et des maladies de peau fort incommodes.

Viandes rouges. — Elles contiennent presque autant de fibrine, mais moins d'osmazôme que les viandes noires ; moins excitantes que les précédentes, elles nourrissent parfaitement et conviennent à tous les tempéraments et en toute saison. Mélangées à des fécules, à des légumes, que l'on peut varier selon les goûts, elles composent l'alimentation la plus saine, la plus favorable au développement et à l'entretien de la machine humaine. Le bœuf, le mouton, le jeune chevreuil, le porc de quinze à dix-huit mois, le pigeon, la perdrix, l'outarde, l'alouette, etc., appartiennent au genre des viandes rouges. Les poissons à chair rosée, tels que le thon, l'alose, le saumon, le homard, et plusieurs autres sont aussi rangés dans la catégorie des viandes rouges.

C'est sous la forme rôtie que la viande nourrit le plus. La meilleure manière de faire rôtir les viandes est de les saisir, tout d'abord, par un coup de feu ; puis, de modérer le feu et de les laisser cuire ensuite à l'air libre, afin que son fumet se développe et ne s'évapore point. — La viande rôtie possède au plus haut degré les qualités réparatrices et fortifiantes.

Viandes bouillies. — Les viandes bouillies sont peu nourrissantes, parce qu'elles ont perdu, en grande partie, leurs sucs nutritifs, la gélatine et l'osmazôme, dont le bouillon s'est emparé; il ne leur est resté que la fibrine insipide et l'albumine, peu réparatrices par elles-mêmes. — Pour préparer un bon bouillon, un bouillon bien azoté, c'est-à-dire tenant en dissolution les sucs de la viande, il faut premièrement choisir un morceau de viande rouge tenant à l'os et garni de tissu cellulaire gras ; on met ensuite la viande dans une marmite de terre avec trois fois son poids d'eau, et on la fait bouillir lentement, à petit feu, pendant cinq et six heures. On ajoute ordinairement au bouillon divers condiments pour lui donner une couleur, un goût et une odeur agréables. Le bon bouillon doit contenir un douzième de matières organiques et un cinquième de sels divers. Ces matières sont la gélatine, l'albumine et un principe sucré qui se développe par l'ébullition.

Viandes blanches. — Ces viandes, qui proviennent, en général, d'animaux très-jeunes, contiennent très-abondamment le principe gélatineux; elles sont faciles à digérer, mais peu nutritives : le veau, l'agneau, le lapin, le poulet, la caille, et tous les animaux dans leur première jeunesse; la brème, la tanche, la carpe, le brochet, le barbeau, et tous les jeunes poissons à chair blanche.

Les viandes blanches conviennent aux tempéraments bilieux, aux convalescents et aux estomacs paresseux; mais on ne doit jamais en faire sa nourriture exclusive.

Composition chimique de la viande. — Cent parties de chair de bœuf dépouillée de graisse, sont composées de soixante-dix-sept parties d'eau, seize parties de fibrine, deux parties de substance analogue à la graisse, cinq parties de sels divers et de matières solubles, tels que chlorures de soude et de potasse, chlorhydrate d'ammoniaque, phosphates de soude et de chaux, sulfate de potasse, oxyde de fer, créatine, acide lactique, etc.

DES PRINCIPES FIBRINEUX, GÉLATINEUX ET ALBUMINEUX

La **Fibrine**, qui est la base des muscles, s'offre sous la forme de fibres blanches lorsqu'elle est encore humide, et jaunâtre lorsqu'elle est sèche. L'oxygène, l'hydrogène, le nitrogène et le carbone entrent dans sa composition. La fibrine n'est nutritive qu'autant qu'elle est mélangée à d'autres substances nutritives.

La **gélatine.** — La gélatine s'extrait ordinairement par l'ébullition des tissus blancs des animaux, tels que tendons, membranes, ligaments, cartilages, os, etc.; la peau en fournit une quantité considérable. Ce qu'on nomme gelée de viande est tout simplement de la gélatine assaisonnée d'un peu de jus. La gélatine est très peu nutritive; néanmoins, lorsqu'on la mélange aux aliments gras, elle se dissout dans le suc gastrique, se digère et s'assimile très-bien. Il est permis de croire que la gélatine introduite dans l'estomac, après avoir été élaborée,

par la digestion, redevient membrane, cellule ou
principe organique des os, et qu'elle sert au renouvellement des tissus gélatineux. Les animaux carnivores, les loups, les chacals, les chiens, qui avalent les os, ne rendent que la portion calcaire : donc
la gélatine s'assimile. Plusieurs médecins qui ont
habité les grandes villes du Levant prétendent que
les femmes turques acquièrent un énorme embonpoint par l'usage des fécules, des gélatines, et au
moyen de lavements de bouillons gelatineux. —
Délayée dans de l'eau, la gélatine est adoucissante
et entretient la liberté du ventre. La vertu des
bouillons de poulet, de veau, de tortue, est due à
la gélatine qu'ils contiennent. Nous avons déjà dit
que le principe gélatineux dominait dans la chair
des jeunes animaux; c'est pourquoi la viande d'a-
gneau, de chevreau, de veau, tués trop jeunes, est
fort peu nutritive; elle débiliterait l'estomac et pro-
voquerait la diarrhée, si l'on en faisait un usage
journalier. L'autorité, dans sa sollicitude pour la
santé publique, devrait surveiller les boucheries et
frapper de peines sévères les bouchers qui livrent
à la consommation des viandes trop jeunes.

L'albumine. — Légèrement azurée, transparente,
visqueuse, l'albumine, de même que la gélatine, ne
contient que fort peu de sucs nutritifs; mais, à l'état
de mélange avec d'autres aliments, elle se digère et
sert à la nutrition. Si l'on fait bouillir l'albumine,
elle se coagule, se durcit et devient difficile à digérer.
L'albumine et le jaune d'œuf battus ensemble sont
un aliment réparateur, qui se convertit facilement
en chyle. — L'albumine, étendue de beaucoup d'eau

10.

est employée en médecine comme adoucissante. On administre avec succès l'eau albumineuse dans l'empoisonnement par les sels de cuivre et de mercure. — L'albumine est abondamment répandue dans la matière vivante; on la trouve dans le chyle, la synovie, le sérum du sang, dans la bile, la chair musculaire, le lait, la moelle des os, les tissus blancs, etc. Les mollusques, et particulièrement les huîtres, les moules, les escargots, en contiennent de notables quantités; mais c'est dans les œufs que l'albumine existe en plus grande abondance.

LAIT, BEURRE, FROMAGE, GRAISSE, HUILE

Ces cinq substances alimentaires sont très-précieuses; et si quelques médecins en ont réprouvé l'usage, c'est qu'ils ne connaissaient point les principes dont elles sont composées et qu'ils ignoraient les lois chimiques de la digestion.

Lait. — Le lait est la première nourriture de l'homme; il contient beaucoup de principes nutritifs, et les estomacs sains le digèrent facilement. Il convient particulièrement aux constitutions nerveuses, sèches, et aux convalescents; mais, il est contraire aux constitutions faibles, surtout aux tempéraments lymphatiques, parce que son usage prolongé engorge le système glanduleux. Les différents mets qu'on prépare avec le lait sont une excellente nourriture pour les personnes qui les digèrent bien.

Le lait de vache est composé de quatre-vingt-treize parties d'eau, de deux de caséum, de deux de beurre et de trois de sucre, sur cent parties.

La composition du lait de chèvre, le plus en usage après celui de vache, est à peu près la même que celle du lait de vache, hormis le beurre, qui s'y trouve plus abondant; mais il est aussi moins facile à digérer.

Les effets du lait naturel, c'est-à dire non falsifié, comme aliment, sont :

1° D'apaiser l'irritabilité nerveuse;

2° De fournir une alimentation légère, donnant peu de travail aux organes digestifs, lorsqu'ils ont été préparés à ce genre d'aliment;

3° De ne donner que peu de résidu excrémentiel, circonstance très-favorable aux intestins irrités ou enflammés;

4° De former un sang moins excitant, de faire prédominer les sucs blancs et d'engraisser les personnes maigres.

Beurre. — Le beurre existe dans le lait à l'état de suspension. Purifié par la fusion, le beurre donne à l'analyse chimique de la margarine, de la stéarine, de l'oléine, de la butyrine et de la caprine. Le beurre de chèvre contient en plus de l'hircine. C'est à l'acide butyrique volatil que le beurre doit son odeur *sui generis*. La bonne qualité du beurre dépend de la nourriture des bestiaux et de la manière dont il est préparé. L'expérience a démontré que le beurre frais ou demi-salé donnait du corps aux aliments secs et peu nourrissants; qu'il les retenait dans l'estomac assez longtemps pour qu'ils pussent s'y dissoudre : enfin, il modifie la fermentation acide qui a lieu dans l'estomac et se convertit en un chyle excellent. Si tous les peuples de la terre s'accordent à préparer leurs aliments avec du beurre, de la graisse ou de l'huile, il faut bien qu'on ait reconnu aux substances grasses des propriétés favorables à la digestion et à la nutrition.

Fromage. — Le fromage frais est composé de caséum, de beurre et d'un peu de sérum. Dans le fromage vieux, le beurre et le caséum ont éprouvé une décomposition qui a donné lieu à du caséate, du carbonate et de l'acétate d'ammoniaque; c'est à ces deux derniers que le vieux fromage doit l'odeur particulière qui le caractérise. Certains fromages décomposés, puants, nauséabonds, putréfiés, infects, recherchés de quelques soi-disant gourmets à goût dépravé, sont très-mauvais à la santé; non-seulement ils irritent la langue et le palais, mais il peuvent occasionner des irritations d'estomac et des affections cutanées. Le fromage frais est exempt de ces graves inconvénients. Pour les estomacs qui le digèrent bien, c'est un bon aliment.

Huile, graisse. — Les principes chimiques de ces deux substances sont les mêmes : *stéarine, margarine* et *oléine*. Les huiles et les graisses ne sont généralement usitées que comme assaisonnement. Elles ont cela de particulier, qu'une partie des sucs nutritifs qui en proviennent vont se loger dans les aréoles du tissu cellulaire pour former de la graisse. C'est pourquoi on les conseille aux personnes maigres qui désirent engraisser. L'huile et la graisse en petite quantité, et mêlées à d'autres substances alimentaires, sont nourrissantes et se digèrent bien; prises en trop grande quantité, elles deviennent indigestes. Les huiles et les graisses échauffées ou rances sont irritantes et toujours nuisibles.

Aliments tirés du règne végétal.

Avant de dérouler la liste des substances végétales qui peuvent servir d'aliments à l'homme, nous ferons observer que les végétaux, en général, ne se digèrent pas aussi vite que les substances animales, mêmes les plus dures, les plus coriaces, par la raison que celles-ci sont d'une nature plus promptement assimilable.

En tête des végétaux alimentaires se placent les céréales qui servent à fabriquer le pain. Le froment est, de toutes les graminées, la plante qui donne le pain le plus nourrissant, comme aussi le plus agréable au goût. Nous avons déjà fait remarquer que le blé se composait de trois éléments, dont deux de nature végétale, et le troisième, appelé *gluten*, possède toutes les propriétés des matières animales. Les pains fabriqués avec le seigle, l'orge, l'avoine, le maïs, sont de beaucoup inférieurs au pain de froment.

Le **riz** est peut-être le grain qui sert de nourriture à la plus grande partie des hommes; c'est sans doute à la facilité de le préparer, comme aliment, qu'il doit cette prérogative sur les autres graminées. Le riz est un aliment sain, doux, agréable, de facile digestion, mais beaucoup moins nourrissant que le blé.

Pour obtenir du bon pain, il faut que la pâte, bien

levée d'abord, ait été battue, brisée en tous sens et longtemps. L'expérience a prouvé que plus le pain était cuit, plus il était facile à digérer, mais qu'il était moins nourrissant que le pain moins cuit. Le pain frais est meilleur que le pain rassis ; cependant on doit se garder de manger le pain chaud sortant du four, car il est très-indigeste.

Nous ne ferons que signaler ici les falsifications du pain qu'une coupable cupidité opère dans les grandes villes, et dont la répression n'est point assez sévère.

Les boulangers falsifient le pain :

1° Avec *l'alun*, pour le rendre plus blanc ;

2° Avec le *carbonate de magnésie*, pour masquer l'odeur des mauvaises farines ;

3° Avec le *carbonate de potasse*, les *sulfates de zinc* et *de cuivre*, pour économiser la levure ;

4° Avec les *sulfate et carbonate de chaux*, le *carbonate de plomb* et le *sous-nitrate de bismuth*, pour le rendre plus lourd ;

5° Avec des mélanges de farine de féveroles, des fécules de lentilles, de haricots, de pois, de pommes de terre, etc.

La question des falsifications du pain est traitée longuement dans notre *Hygiène alimentaire*. Nous renvoyons à cet ouvrage d'une incontestable utilité.

Pomme de terre. — Ce précieux tubercule, qui, dans des temps de disette, nourrit des populations entières, est un aliment aussi sain qu'agréable ; il figure également sur la table du riche et sur celle du pauvre.

Les fécules de pomme de terre, de châtaignes, de sagou, de salep, de tapioka, d'arrow-root, sont très-nourrissantes et très-digestibles. — Les fécules de pois, de haricots, de lentilles, sont encore plus nourrissantes que les précédentes; mais, elles ont l'énorme inconvénient d'être flatulentes. On sait que la partie amylacée de toutes les fécules, n'importe le grain, le fruit ou la racine qui les fournit, offre une composition chimique tout à fait semblable : quarante-neuf parties d'oxygène, quarante-cinq de carbone et six d'hydrogène, sur cent parties de fécule.

Le **lichen** d'Islande fournit une gelée nutritive que les Islandais mettent à profit et qu'ils font entrer dans leur nourriture journalière.

Plusieurs plantes marines, entre autres le **fucus esculentus** et le **saccharinus**, donnent une gelée très-propre à nourrir, et fort estimée des Chinois.

La **Truffe**, très-recherchée à cause de son parfum, contient beaucoup de fécule et d'albumine; elle est stimulante et nutritive; ses vertus aphrodisiaques tant vantées ne sont nullement supérieures à celles des substances et assaisonnements aromatiques.

Les **champignons** se rapprochent, par la quantité d'azote qu'ils contiennent, de la nature de la viande. En Russie, en Pologne et en Toscane, la classe pauvre en fait sa nourriture pendant une époque de l'année. Malheureusement tous les champignons ne sauraient se manger indistinctement; à côté des bons se trouvent les vénéneux : il faut être connaisseur pour les choisir, et encore est-il très-facile de se tromper. C'est pourquoi on a, chaque année, à déplorer des empoisonnements par les champignons. Il existe plusieurs bons traités sur la manière de reconnaître et de préparer ce dangereux cryptogame.

Parmi les **racines alimentaires,** on distingue les carottes, les navets, les salsifis, les raves, radis, betteraves, scorsonères et beaucoup d'autres plus ou moins faciles à digérer ; mais ces substances sont très-aqueuses et peu nutritives.

Les **herbes potagères** et les **fruits potagers** embrassent une foule d'aliments fort agréables : les épinards, l'oseille, les salades et herbes d'assaisonnement ; les choux-fleurs, artichauts, asperges, pois et haricots verts, cardons, potirons, concombres, melons, choux de différentes espèces, etc., etc. Le chou rouge est très-indigeste ; le chou blanc et le chou nain dit de Bruxelles, moins durs, moins flatulents, sont très-nutritifs pour les estomacs qui les digèrent bien.

Les **fruits** sont généralement composés de mucilage, de sucre, d'eau et d'un principe acide. Les fruits se mangent frais ou secs. Ils sont d'autant plus nourrissants qu'il sont plus sucrés et qu'ils séjournent plus longtemps dans l'estomac. C'est pourquoi les fruits qui ont perdu leur acidité par la cuisson ou la dessiccation, et dont le principe sucré s'est au contraire développé, sont plus nourrissants que les fruits frais.

Les fruits qui contiennent le plus de principes nutritifs sont :

Les noix.	Les figues.
Les noisettes.	Les dattes.
Les amandes.	Les raisains secs.
Les faînes.	Les poires et pruneaux secs.

Les dattes et les figues sont, pour les peuples d'Asie, une ressource précieuse.

Les fruits les moins nourrissants sont :

Les oranges.	Les cerises.
Les pommes.	Les mûres.
Les poires.	Les fraises.
Les abricots.	Les framboises.
Les pêches.	Les melons.
Les prunes.	Les pastèques, etc., etc.

Les fruits acerbes ou très-acides ne doivent se manger qu'après avoir été cuits.

Le miel est un excellent aliment très-favorable à la santé; il donne au sang beaucoup de carbone et entretient la liberté du ventre. Les anciens et quelques modernes avancent que l'usage habituel du miel donne un brevet de longévité; ils citent, comme exemple, Démocrite, Hippocrate, Pythagore, Pringle, Cornaro, et plusieurs autres mangeurs de miel, qui vécurent presque centenaires.

SECTION V

Des condiments ou assaisonnements.

La nature nous donne l'exemple des assaisonnements, en associant, dans le même corps, la même substance, divers principes. Ainsi, à la fibrine de la viande se trouve accolées l'albumine et une matière graisseuse. Le sucre est combiné à l'amidon; dans les fécules et dans les fruits, le principe sucré modifie le principe acide.

Les condiments, à l'exception du sel, se tirent tous du règne végétal : on les emploie dans le but de relever certains aliments fades, insipides, et de les rendre plus digestibles, en stimulant les forces dissolvantes de l'estomac.

Le **sel**. — *Chlorure de soude*, est le condiment obligé de presque tous les mets, de toutes les sauces ; il excite les glandes salivaires et favorise la dissolution de toutes les substances alimentaires.

Le **vinaigre**, le **jus de citron** relèvent et rendent digestibles les viandes blanches, gélatineuses et fades par elles-mêmes ; mais il ne faut jamais abuser de ces acides, car ils affaiblissent promptement les forces de l'estomac, altèrent les fonctions digestives et causent la *dyspepsie* ou difficulté de digérer.

Les **épices**. — *Poivre, girofle, cannelle, muscade, gingembre, piment*, etc. — Originaires des pays chauds, où les ardeurs du climat affaiblissent les forces vitales, ces substances excitent violemment les papilles de la langue, les glandes salivaires et la muqueuse gastro-intestinale ; cette excitation a pour résultat une abondante sécrétion de salive et de suc gastrique, très-propre à la dissolution du bol alimentaire. On doit être très-sobre de ces condiments et n'en faire usage que pour certains aliments fades ou de digestion difficile. Leur emploi fréquent peut donner lieu à des irritations de l'estomac, et, à la longue, user la sensibilité, plonger les organes digestifs dans une atonie d'où l'on ne peut les tirer qu'en doublant la dose de ces stimulants énergiques.

Pour nos climats tempérés.

Le thym.	L'estragon,
Le serpolet,	La moutarde,
La sarriette,	L'ail,
La sauge,	L'échalote,
La pimprenelle,	L'oignon,
Le céleri,	La rocambole,
Le laurier,	La ciboule,
Le persil,	Le poireau, etc.,
Le cerfeuil,	

sont plus que suffisants pour déterminer une stimulation favorable à la digestion.

La **graisse**, l'**huile** et le **beurre** sont, pour
notre art culinaire, des condiments indispensables
dont les bons effets ont déjà été démontrés.

Le **sucre** et le **miel** servent aussi, comme assai-
ss.. mements, dans une foule de mets, soit pour faciliter leur digestion, soit pour les rendre plus agréables au goût. Ces deux substances sont peut-être les
seules qui conviennent à tous les âges, à tous les
tempéraments et à tous les climats.

Les assaisonnements doivent être appropriés au
goût, à l'âge, aux tempéraments et aux saisons.

Le goût, l'odorat et l'instinct de l'estomac doivent être consultés; car, telle personne qui digère
parfaitement un aliment assaisonné de telle manière, aura de la peine à digérer le même aliment,
s'il est assaisonné de telle autre manière.

La jeunesse, qui possède une grande énergie digestive, les tempéraments sanguins, bilieux et nerveux doivent être sobres d'assaisonnements sti-
m.. iants, et les choisir parmi les plus légers. Les

vieillards et les tempéraments lymphatiques, au contraire, ont besoin d'assaisonnements plus actifs afin de stimuler leurs organes paresseux.

Il est hygiénique, dans la saison des chaleurs, d'augmenter la quantité des aliments végétaux et de les assaisonner avec des acides pour les rendre plus rafraîchissants.

Règle générale. — Il vaut mieux être sobre d'assaisonnements, et même s'en passer, que d'en faire abus; car l'abus des stimulants irrite, enflamme la membrane muqueuse des voies digestives, et finit par l'user et la rendre insensible. L'observation a fourni les preuves que les peuples qui se nourrissaient d'aliments simplement préparés se portaient beaucoup mieux et vivaient plus longtemps que les nations qui ont une cuisine raffinée.

SECTION VI

De la digestion des aliments. Manière dont elle s'opère.

Les aliments, grossièrement broyés par les dents et imprégnés de salive, descendent dans l'estomac; là, ils s'imprègnent des sucs que sécrète cet organe. Les sucs gastriques ramollissent le bol alimentaire, et au bout d'une heure et demie à deux heures, la masse des aliments est réduite en une pâte grisâtre, acide, à laquelle on a donné le nom de *chyme*. Ce sont les aliments les plus rapprochés des parois de l'estomac qui se chymifient les premiers; la chymification se fait de la circonférence au centre de la masse alimentaire. Le chyme le plus élaboré se rapproche de l'ouverture inférieure ou pylorique de l'estomac, et de là passe dans l'intestin *duodénum*. Arrivé dans cet intestin, qu'on peut considérer comme un second estomac, le chyme se trouve en contact avec le *suc pancréatique* et la *bile*, humeurs de nature alcaline, qui lui font subir une nouvelle transformation. Le chyme arrivé dans le *duodénum* perd l'acidité qu'il avait dans l'estomac; les matières grasses qu'il contient, se combinant avec les sucs biliaire et pancréatique, produisent une espèce d'émulsion de saveur douceâtre; l'amidon du pain et des aliments féculents se convertit en matière sucrée; la fibrine animale se dissout en gelée, la gélatine se dilue complétement, les parties caséeuses sont dissoutes, etc.; enfin, après que tous les principes chimiques contenus dans les aliments, ont subi une dernière transformation dans le *duodénum*, le chyme se sépare en deux parties : l'une solide, *excrémentitielle*, qui doit parcourir toute la longueur du canal intestinal pour être rejetée au dehors; l'autre est un liquide blanchâtre nommé *chyle*, qui est absorbé par les vaisseaux chylifères, dont les orifices s'ouvrent dans les intestins. Le chyle, pris par ces vaisseaux, est conduit dans le réservoir thoracique et de là dans la masse du sang veineux, pour fournir à l'hématose les principes combustibles qui entretiennent la chaleur vitale. Telle est la marche que suit la digestion des aliments. L'alimentation rend au sang ce qu'il avait perdu pour subvenir à la nutrition des organes, et par les diverses excrétions du corps; d'où l'on doit conclure que *l'hématose*, ou formation du sang, et la chaleur des corps vivants prennent leur source dans l'alimentation.

11.

L'action de l'estomac et des sucs gastriques, bi-
liaires et pancréatiques n'est point la même sur
toutes les substances alimentaires. Parmi ces substances, il en est qui se digèrent très-facilement, tandis que d'autres sont plus réfractaires à l'action
gastrique. Ainsi, quant à la digestibilité des substances alimentaires et à la durée de la digestion, on
peut, en général, établir la moyenne suivante :

Les fécules, les principes amylacés, le lait, les
fruits mûrs, les viandes blanches de jeunes animaux et de poissons frais, les œufs mollets, etc.,
sont digérés dans l'espace d'une heure et demie à
deux heures.

Les bouillons, les consommés de viande de bœuf,
les viandes rôties, le poisson en général, le pain, etc.,
demandent deux à quatre heures de digestion.

Les viandes bouillies, les ragoûts, les graisses, la
viande de porc ; certaines volailles, comme l'oie,
le canard ; certains poissons huileux, les pâtisseries, etc., exigent un temps plus long encore pour
être digérés.

Enfin, les aponévroses, les tendons, le blanc d'œuf
concrété, les truffes, les champignons, les fruits
secs, les noix et les amandes, le pain chaud sortant
du four, etc., sont d'une digestion difficile et
demandent toutes les forces digestives de l'estomac.

Il est des substances condimentaires qui, mêlées
aux aliments, en facilitent la digestion : le sel de
cuisine, les épices de bonne qualité, les bons vins,
le bicarbonate de soude, le sucre, les substances
amères, comme la rhubarbe, le cachou, etc. — D'autres substances, au contraire, ralentissent et peu-

vent troubler la digestion, telles que l'eau prise en
abondance après le repas, les matières grasses, huileuses, les préparations antimoniales, certaines
plantes comme la douce-amère, etc., etc.

Cet aperçu, quoique très-succinct, de la fonction
digestive fera comprendre le grand rôle que joue
l'estomac dans l'organisme humain, et combien il
est important pour la santé de toujours le conserver
dans son état normal, en lui appliquant les règles
hygiéniques dont il est question dans la présente
section. Nous renvoyons à notre *Hygiène alimentaire* les lecteurs qui désirent connaître, à fond, le
mécanisme de la digestion.

SECTION VII

Coutumes alimentaires chez les peuples anciens et modernes.

Il est plusieurs aliments et boissons dont nous
faisons un fréquent usage, et qui étaient complètement inconnus aux anciens : le sucre, le beurre, le
chocolat, les fécules, l'alcool et la nombreuse famille des liqueurs alcooliques.

Les Égyptiens se délectaient à manger les feuilles
du *papyrus* et les fruits du *lotos*.

Les Grecs accommodaient la plupart de leurs mets
avec de l'huile et de la farine. Leur cuisine fut toujours fort simple ; mais, ils déployèrent dans leurs
festins un grand luxe d'étoffes, de vases, de joueuses
de flûte et de lyre, de danseuses et d'histrions.

Chez les Romains, au temps des empereurs, l'art
culinaire prit un vaste développement, et le luxe de

la table fut poussé jusqu'à la folie. Les riches gourmets se faisaient servir des plats entièrement composés de cervelles de faisans et de phœnicoptères, de langues de paons, de lait de murènes, de cœurs de tourterelles ; enfin, on alla jusqu'à rechercher des plats de langues d'oiseaux qui avaient appris à parler et à chanter. Les soupers de Lucullus, de Clodius et d'Apicius, d'Antoine et de Cléopatre doivent être considérés comme le *nec plus ultrà* des extravagances gastronomiques. Les cuisiniers habiles se payaient jusqu'à trente mille francs ; on leur donnait des prix et des couronnes pour chaque mets nouveau et chaque sauce nouvelle qu'ils inventaient.

Dans les bonnes maisons de Rome on faisait cinq repas : le déjeuner, *tentaculum* ; le dîner, *prandium* ; le premier goûter *merenda* ; le souper ou grand repas, *cœna* ; enfin le second goûter, consacré aux friandises, *commissatio*.

Nos ancêtres faisaient quatre repas ; les hommes adonnés aux travaux physiques et les gens des campagnes mangent quatre fois par jour. Dans les villes, beaucoup ne font que deux repas ou trois au plus.

Une grande partie de l'Asie a adopté le riz pour sa principale nourriture, et plus de la moitié de l'Afrique s'alimente avec le mil.

Plusieurs peuplades d'Éthiopie se nourrissent de sauterelles ; on les suppose descendants des anciens *acridophages* ou mangeurs de sauterelles.

Les Arrakanais font une espèce de bouillie infecte avec du poisson pourri et le mangent avec délices. Du reste, les anciens Romains étaient très-friands d'un entremets à peu près semblable, nommé *garum*, fait avec des lamproies putréfiées et dont la puanteur nous ferait reculer.

Les Persans trouvent un aliment sain dans le salep et le tapioka; les Indiens, dans l'arrow-aroot et la banane; les Malaisiens, dans le sagou et l'arbre à pain; les Abyssins, dans le sésame. L'Amérique du Nord vit de maïs; l'Amérique du Sud, de manioc; les îles de la mer du Sud tirent, en partie, leur subsistance de l'arbre à pain et du cocotier. Les dattes et les bananes font la base de la nourriture des Arabes; une partie de la Mingrélie vit de sorgho; les Levantins et tout l'archipel grec font une prodigieuse consommation de figues et d'olives; les Turcs regardent le pilau, aux raisins de Corinthe, comme indispensable à leur nourriture.

Les Cafres mangent de la farine de mil et de maïs dans du lait caillé.

Les Hottentots avalent indistinctement toute espèce de viande et de poisson.

Les Kalmouks et les Tatars dévorent la chair de cheval fumée et presque crue.

Le Groënlandais s'alimente de poissons et d'herbes marines.

Le Lapon mange la chair de ses rennes, l'Islandais la chair de ses chiens et de la gelée de lichen.

Le Kamtschadale dévore la viande crue et se gorge de poissons putréfiés; le sang du veau marin est sa boisson favorite.

Le Norwégien fabrique son pain avec l'écorce de bouleau et la farine d'avoine; il aime aussi le poisson pourri.

Les Jakoutes font preuve d'une gloutonnerie inouïe : lorsqu'on les invite à manger, ils se dépouillent de tout vêtement dans le but d'avoir le ventre plus à l'aise ; et, après avoir copieusement ingurgité, ils se roulent sur le ventre, afin de presser leurs intestins et d'y faire encore une place pour recevoir de nouveaux aliments.

L'instinct et l'habitude semblent avoir divisé les habitants de la terre en deux camps, sous le point de vue alimentaire : les frugivores dans les climats chauds, et les carnivores dans les contrées froides.

L'Indien est tout à fait frugivore. Le Français est déjà plus carnivore que l'Espagnol et que l'Italien, mais il l'est moins que l'Anglais et l'Allemand. Les Tatars, quoique très-carnivores, sont encore dépassés par les hommes qui habitent les zones septentrionales. La raison de ces distinctions se trouve naturellement dans le climat : la chaleur disperse les forces à la périphérie du corps ; le froid concentre l'énergie vitale à l'intérieur et surtout à l'estomac.

CHAPITRE XIII

Des Boissons.

Les boissons peuvent être comprises dans quatre grandes classes : les boissons *non fermentées* ; — les *fermentées* ; — les *fermentées et distillées* ; — et les *aromatiques.*

Boissons non fermentées. — L'eau est la boisson la plus naturelle à l'homme. La composition chimique de l'eau pure est de quatre-vingt-neuf parties d'hydrogène et de onze parties d'oxygène ; mais, outre ces deux principes, l'eau que nous buvons contient de l'air et une petite quantité d'acide carbonique. L'eau entièrement pure est fade et lourde ; la meilleure eau potable est celle qui est la plus aérée.

On reconnaît qu'une eau est potable lorsqu'elle dissout parfaitement le savon ; lorsqu'elle ramollit et cuit bien les légumes à gousses, pois, haricots, lentilles, etc. ; lorsqu'elle est sapide, exempte de mauvais goût et d'odeur. — L'eau de *neige fondue* n'est mauvaise que parce qu'en se congelant elle a perdu l'air qu'elle contenait ; elle redevient bonne en s'aérant de nouveau. — L'eau de *puits* est généralement chargée de différents sels qui la rendent peu potable; cependant il existe un grand nombre de puits dont l'eau est assez bonne et assez abondante pour fournir aux besoins de certaines populations privées de fontaines. — L'eau de *pluie* recueillie dans des réservoirs ou citernes est très-bonne lorsqu'elle est aérée : la privation d'air la rend indigeste. Le moyen de lui rendre l'air qu'elle a perdu consiste à la battre en tous sens avec une manivelle. — L'eau de *source* est meilleure prise loin de la source qu'à sa sortie du sol, surtout lorsqu'elle court sur un lit de graviers. — L'eau de *rivière* est de toutes les eaux celle qu'on doit préférer, parce qu'elle est ordinairement exempte de matières salines et qu'elle s'est saturée d'air par les mille froissements de ses ondes.

L'eau a été considérée par une foule de médecins recommandables comme un élixir de longue vie. On trouve dans les annales de la longévité bon nombre de centenaires qui n'avaient jamais bu que de l'eau. — D'autres médecins, tout en approuvant l'usage de l'eau selon l'âge et les tempéraments, prétendent qu'elle ne convient nullement aux estomacs paresseux, ni aux vieillards. Quoi qu'il en soit, on ne saurait nier que l'eau est la boisson la plus naturelle à l'homme, et il est très-probable qu'elle est aussi la plus saine.

En faisant macérer, dissoudre, infuser, bouillir diverses substances dans l'eau, on prépare des boissons plus ou moins agréables et bienfaisantes, telles que l'eau sucrée, l'eau d'orgeat, de gruau, de groseilles, d'anis, la limonade, l'hydromel non fermenté, etc.

Boissons fermentées. — Tous les peuples du globe ont cherché à se procurer, au moyen de la fermentation de certains fruits et autres substances végétales, des boissons propres à les exciter, à les égayer et à doubler leurs forces. Ces sortes de boissons, prises modérément, sont presque nécessaires dans les contrées froides : parce que l'augmentation de chaleur animale qu'elles procurent est compensée par la rigueur de la température atmosphérique. Parmi les boissons fermentées on distingue le vin, la bière, le cidre, le methglin ou miel fermenté, etc.

Le vin est composé de plusieurs principes, dont les principaux sont :

1º L'alcool, en quantité plus ou moins grande, selon l'espèce de raisin et le climat :

2º Le principe sucré, dont la quantité dépend aussi du raisin et du climat :

3º Le principe volatil ou huile essentielle, à laquelle chaque espèce de vin doit son bouquet :

4º La matière colorante, provenant de l'enveloppe ou peau du raisin ; c'est cette enveloppe qui fournit le tannin que contiennent les vins âpres et rouges;

5º Enfin, une grande quantité d'eau.

Relativement à leur nature, à leur saveur et à leurs effets sur notre corps, les vins se distinguent en plusieurs espèces, dont quatre principales.

A la première appartiennent les vins acidulés, contenant peu d'alcool, peu de sucre et beaucoup d'eau; ils sont rafraîchissants et très-digestibles.

La deuxième espèce embrasse tous les vins contenant un peu plus d'alcool que les précédents, mais dont l'action est tempérée par le tannin qu'ils contiennent : les vins de Bordeaux, de Bourgogne, de Champagne, de Côte-Rôtie, de Sauterne, etc. Ils conviennent aux estomacs faibles, paresseux, pour hâter la digestion des aliments. Parmi les vins de cette espèce, il en est qui ont acquis une juste célébrité par leur saveur et leur bouquet agréables : le Volnay, le Beaune, le Nuits, le Pomard, le Chambertin, le Closvougeot, etc.

La troisième classe est composée de tous les vins qui contiennent une forte proportion d'alcool, comme de 14 à 25 pour 100 : les vins de Marsala, d'Oporto, de Madère, etc. ; les vins forts du Roussillon, du Languedoc, de Provence et des pays méridionaux. Ces vins portent au cerveau et provoquent facilement l'ivresse; on ne doit les boire qu'en très-petite quantité ou largement coupés d'eau.

La quatrième espèce se compose des vins sucrés généreux, cordiaux, stomachiques, tels que le Samos, le Chypre et tous les vins grecs; les vins cuits d'Espagne, le Frontignan, le Lunel, le Malvoisie, etc., sont, en général, des vins de dessert qu'on boit à petites doses.

Enfin, il existe une classe de vins dits mousseux, qui contiennent beaucoup d'acide carbonique et peu d'alcool : le Champagne, le Limoux, le Grave, le Tokai, etc. Ces vins, d'une digestion facile, excitent momentanément le cerveau et donnent autant de gaieté que de vivacité.

Les vins sont d'autant plus alcooliques qu'ils proviennent de contrées plus méridionales.

Le tableau suivant, dressé d'après l'analyse chimique de Brande, en donne les proportions.

Noms des vins.	Proportions d'alcool.	
Lissa	25	0/0
Marsala	25	»
Oporto	23	»
Chypre	23	»
Madère	22	»
Xérès	20	»
Ténériffe.	20	»
Lacryma-Christi.	19 1/2	»
Constance	19	»
Roussillon	18 1/2	»
Malaga	17	»
Ermitage	17	»
Malvoisie	16 1/2	»
Bordeaux	15	»
Lunel.	15	» ,
Bourgogne.	14 1/2	»
Sauterne.	14	»
Champagne	13 1/2	»
Grave.	13	»
Côte-Rôtie.	12 1/2	»
Vin du Rhin.	12	»
Tokai.	9 1/2	»

Il n'est aucun point d'hygiène alimentaire sur lequel on ait autant écrit que sur les bons et mauvais effets du vin. Les uns ont préconisé le vin comme une boisson des plus salutaires, des plus vivifiantes, possédant la vertu de faciliter les fonctions physiques et de doubler l'aptitude morale. — Les autres le signalent, au contraire, comme une cause d'abrutissement moral et de dégradation physique. — La vérité se trouve entre ces deux extrêmes, c'est-à-dire que l'usage modéré du bon vin ne peut qu'être utile à certaines organisations, tandis que l'excès dans le vin, comme en toute chose, est toujours nuisible.

Bière. — Les archéologues attribuent aux anciens Égyptiens l'art de faire, avec l'orge, une liqueur fermentée semblable à notre bière, et à laquelle ils donnaient le nom de *vin d'orge*. Les Scythes fabriquaient également une liqueur fermentée avec l'orge, nommée par les Grecs *vin des Septentrionaux*.

L'orge n'est pas le seul grain propre à faire la bière : le froment, l'avoine, le seigle, le riz, le maïs, peuvent aussi donner une liqueur fermentée. Aujourd'hui la fabrication de la bière est arrivée à sa perfection. En général, on la prépare avec du blé et de l'orge préalablement germés et qui ont subi un commencement de torréfaction ; on y ajoute du houblon pour lui donner de l'amertume et la rendre moins facile à s'aigrir. Il existe plusieurs sortes de bières : les unes fortes, comme le *Porter*, qui enivre : les autres, moins fortes et plus agréables à boire. L'Angleterre et la Flandre sont les pays où la bière se prépare avec le plus de soin et jouit d'une réputation de supériorité méritée.

La bière est une boisson très-nourrissante qui convient aux personnes maigres et actives; les personnes lymphatiques devraient s'en abstenir De même que les vins, les bières sont souvent frelatées par une coupable industrie. On a signalé, depuis longtemps, la présence de substances narcotiques dans certaines bières qui occasionnent l'ivresse. Plusieurs affections de la moelle épinière et un grand nombre de paralysies, observées dans les pays à bière, ont fait présumer que, pour économiser le houblon et donner à la bière une grande amertume, on employait la *strychnine*, violent poison tiré de la noix vomique. Il serait à souhaiter que la police s'enquit de ce fait et y mit ordre, car il intéresse au plus haut degré la santé publique.

Cidre, **Poiré**. — On appelle ainsi la liqueur produite par la fermentation du suc de pommes et de poires. Les fruits à cidre sont amers ou acerbes et désagréables au goût. On croit que l'art de fabriquer le cidre fut apporté d'Afrique en Espagne, et d'Espagne en France par les Biscaïens, qui l'apprirent aux Neustriens, aujourd'hui les Normands.

Le cidre, est la boisson la plus générale en Normandie, en Picardie, dans certains comtés d'Angleterre et dans les États-Unis d'Amérique.

Le cidre, quoi qu'en disent ses détracteurs, est une boisson aussi saine qu'agréable; le cidre mousseux a beaucoup de rapport avec le vin de Champagne. On a prétendu que le cidre donnait des aigreurs et ballonnait le ventre; c'est une erreur : la constitution physique des buveurs de cidre est aussi vigoureuse que celle des buveurs de vin. Bacon cite huit vieillards du comté de Hereford, qui n'avaient jamais bu que du cidre, et dont les forces et la santé étaient de beaucoup supérieures à celles des buveurs de vin et de bière.

Méthglin, **hydromel** ou *miel fermenté*. — Dans le Nord, on prépare avec le miel une liqueur fermentée qui a quelque rapport avec les vins d'Espagne et de Portugal, et qu'il ne faut pas confondre avec l'hydromel non fermenté. Ce dernier se prépare en faisant bouillir du miel avec de l'eau et quelques aromates, comme la cannelle, le gingembre, la muscade et le girofle, mais sans les soumettre à la fermentation. Le *methglin* est composé des mêmes substances que l'hydromel, plus des feuilles de thym, de sauge, de romarin, etc. ; le tout soumis à une fermentation qu'on provoque au moyen d'un peu de levûre de bière. Lorsque cet hydromel fermenté a été gardé assez longtemps pour que toutes les parties visqueuses se soient précipitées au fond, il devient clair, limpide et très-agréable au goût. On le considère comme un bon cordial très-favorable aux vieillards et aux personnes valétudinaires.

On fabrique en Pologne, sous le nom de *lipets*, un hydromel aussi clair et aussi mousseux que le vin de Champagne, et que beaucoup de personnes préfèrent à ce vin. Il est très-probable que la qualité de l'hydromel de Lithuanie tient à l'excellence du miel qui entre dans sa composition.

Boissons fermentées et distillées; *liqueurs spiritueuses*. — L'art d'obtenir, par la distillation des liqueurs fermentées, une liqueur inflammable, nommée *alcool*, nous vient, dit-on, des Arabes, qui furent les premiers distillateurs. L'alcool se retire du vin, des céréales, des pommes de terre, et généralement de tous les fruits et graines qui entrent en fermentation. — La médecine, la parfumerie et les arts en général, tirent un grand parti de l'alcool pour leurs diverses préparations.

C'est avec l'alcool, le sucre et diverses substances aromatiques ou essentielles que le liquoriste prépare cette immense variété de liqueurs qui toutes, hormis quelques-unes, sont plus ou moins nuisibles à la santé. C'est ce qui a fait dire à presque tous les médecins que l'art de distiller les liqueurs fermentées, était une des inventions les plus funestes au genre humain.

Les boissons alcooliques, telles que le rhum, l'eau-de-vie, le kirch, l'absinthe, etc., font d'immenses ravages parmi les classes ouvrières. Plusieurs écrivains célèbres ont dépeint, avec une effrayante vérité, les nombreuses maladies occasionnées par l'abus des boissons spiritueuses, ainsi que l'abrutissement physique et moral dans lequel languissent les buveurs d'eau-de-vie : les gastrites, les squirres, les engorgements du foie et de la rate, les anévrismes, les tremblements, la chute des cheveux, l'hébétude, la folie, l'imprégnation alcoolique des tissus vivants, et, parfois, la combustion humaine spontanée dont on cite plusieurs exemples.

Les personnes sensées doivent donc rejeter d'une manière absolue toutes les boissons purement alcooliques; mais, il est des cas de débilité constitutionnelle et d'atonie d'organes où certaines *liqueurs composées* produisent des effets stimulants, toniques et bienfaisants. Le punch, préparé convenablement et coupé de cinq sou six fois son poids d'eau, est réputé une boisson aussi saine qu'agréable, pendant les chaleurs. Quelques élixirs, dont les formules se trouvent dans les pharmacies, possèdent des propriétés stomachiques incontestables ; néanmoins il ne faut pas oublier que ces liqueurs composées se prennent à petites doses, lorsque le cas l'exige, et ne doivent jamais être d'un usage habituel.

Sophistication des boissons alcooliques. — Nous dirons, pour augmenter l'aversion que doivent inspirer les liqueurs spiritueuses aux hommes inexpérimentés, que, trop souvent, hélas! les eaux-de-vie sont frelatées par des substances irritantes narcotiques, incendiaires, afin de leur donner une saveur plus forte, un feu plus mordant. Ainsi, le poivre long, le stramonium, l'ivraie, l'alun, sont dissous dans les eaux-de-vie du commerce, par des spéculateurs cupides que la police des boissons ne saurait punir trop sévèrement. Le laurier-cerise est quelquefois ajouté à l'eau-de-vie de grains et de pommes de terre pour masquer son odeur empyreumatique et lui donner une saveur plus agréable. Cette sophistication est des plus dangereuses, lorsque le laurier cerise s'y trouve en trop fortes proportions.

Nous concluons, avec tous les physiologistes et médecins, que l'usage habituel de ces boissons, plus ou moins brûlantes, est presque toujours nuisible. Les alcooliques, en général, commencent par stimuler violemment les organes; il y a congestion sanguine, puis relâchement ; à la suite de ces stimulations, longtemps répétées, la sensibilité s'émousse, la membrane muqueuse de l'estomac se racornit, l'appétit diminue, de graves altérations peuvent survenir ; enfin, l'abus de ces boissons use les organes, plonge l'homme dans l'abrutissement physique et moral, et accélère d'une manière effroyable la consomption de la vie.

Boissons aromatiques, stimulantes. — Il existe une multitude de plantes et de fruits avec lesquels on peut préparer des boissons aromatiques et stimulantes; nous ne parlerons que du café et du thé, comme étant les plus usités.

Café. — On sait que le café est originaire d'Arabie, qu'il fut transporté à Batavia par les Hollandais, et de là en Amérique, où sa culture s'opère sur une vaste échelle pour fournir aux besoins des deux mondes.

L'arome du café se développe par la torréfaction à point ; s'il est trop torréfié, l'arome s'évapore ; s'il ne l'est pas assez, l'arome ne peut se développer. Un café bien grillé ne doit être ni blond ni noir.

L'infusion de café a une action stimulante sur le système nerveux et particulièrement sur le cerveau. On a cru qu'il égayait l'esprit, ouvrait l'intelligence et facilitait le travail de la pensée ; comme aussi on lui a attribué le tremblement convulsif et une funeste influence sur la durée de la vie. Les uns l'ont décoré du nom de *nectar des dieux,* les autres l'ont appelé un *poison lent.* Ces deux exagérations prouvent que le café a eu ses détracteurs et ses enthousiastes. L'infusion noire de café excite positivement le cerveau, mais il faut se tenir en garde contre cette excitation ; car, si elle est trop souvent répétée, elle agite, échauffe le sang et use les organes, ou bien elle s'émousse complétement par l'habitude.

De nos jours le café est devenu un des besoins de la civilisation ; il s'en fait une consommation énorme.

Le café peut convenir aux constitutions lymphatiques, aux personnes faibles, indolentes, qui habitent un climat humide et mènent une vie sédentaire, qui ont l'estomac affaibli et non irrité. Les personnes maigres, nerveuses, irritables, prédisposées aux inflammations, et celles à qui les boissons stimulantes sont contraires, feront bien de s'en abstenir, ou du moins de ne le prendre que mêlé à de la crème ou à du lait.

Thé. – La reine Catherine, femme de Charles II,

mit le thé à la mode, en Angleterre, vers l'an 1666.

Bientôt l'usage s'en répandit par toute l'Europe, surtout après l'éloge qu'en fit un médecin hollandais.—Le thé est un excitant énergique ; il convient aux constitutions énervées, aux tempéraments-lymphatiques, aux habitants des contrées humides ou brumeuses, et dans les circonstances où il est nécessaire de ranimer l'action de la peau, et de rappeler la transpiration. Pris quelques heures après un repas copieux, l'infusion de thé stimule l'estomac et précipite les digestions laborieuses.

L'infusion de thé doit être légère, et, pour corriger son âcreté, on y ajoutera du lait, de la crème et du sucre. Le thé vert attaque les nerfs ; on doit lui préférer le thé noir. Si la mode le voulait, le thé serait remplacé avec avantage par la mélisse, l'anis, le tilleul, la camomille et beaucoup d'autres plantes. De même que le café, le thé a eu ses détracteurs et ses apologistes. En France, l'infusion de thé devrait être réservée pour certaines circonstances où les forces digestives et transpiratoires sont paresseuses ; en faire un usage journalier, c'est se priver d'un excellent moyen lorsque son emploi devient utile.

Le thé ne saurait convenir aux organisations excitables ; on a vu souvent des insomnies, des crampes d'estomac ou gastralgies, des spasmes, des palpitations, des tremblements et autres symptômes nerveux, survenir aux personnes irritables qui, pour suivre le caprice du *bon ton* et de la *mode*, se croyaient obligées et s'obstinaient à prendre du thé. Enfin, la plupart des médecins sont d'avis que le thé a trop d'inconvénients pour en faire un usage habituel, et qu'il doit être considéré comme moyen thérapeutique.

De la quantité et de la température des boissons à prendre par jour. — Il est généralement plus nuisible de boire trop que peu ; plusieurs physiologistes pensent que la quantité de liquide à boire doit être égale à la quantité des aliments solides qu'on mange dans un jour.— La température des boissons prises pendant ses repas pour étancher la soif et délayer les aliments doit être froide. On a observé que les peuples qui boivent toujours chaud, comme les Chinois, sont faibles, efféminés, blafards.—L'histoire nous apprend que les anciens Rhodiens avaient coutume de boire chaud, et ils étaient cités pour la pâleur de leur visage. Les Romains, qui buvaient froid, se faisaient remarquer par leur vigueur, leur santé et leur bonne mine. — Les empereurs Auguste et Claude, qui avaient ruiné leur santé par l'abus des boissons chaudes la rétablirent en se mettant au régime de l'eau froide. Enfin, l'expérience a démontré qu l'usage continuel des boissons chaudes énerve le corps, gâte les dents, affaiblit la tête, les yeux, et rend l'estomac paresseux.

SECTION II

Effets salutaires des boissons stimulantes ou alcooliques, prises avec modération, et de leur pernicieuse influence lorsqu'on en abuse ou qu'on s'y habitue.

L'eau pure est-elle la boisson naturelle à l'homme? et la nombreuse famille des boissons alcooliques, stimulantes, narcotiques, etc., est-elle contre nature ou anti-hygiénique? A cette question nous répondrons par le relevé suivant : L'homme des contrées équatoriales mêle à ses boissons du poivre, du piment, des aromates irritants. — Le nègre, le Brésilien, le Mexicain, convertissent la farine de maïs en boisson fermentée. — L'Américain sauvage boit une espèce de thé très-excitant, et prépare une liqueur fermentée avec des fruits à noyaux. — L'Indien s'enivre avec une décoction de graines de chanvre; — le Chinois avec le thé et l'opium; — le Tartare avec le lait fermenté de ses juments; — le Turc également avec l'opium; — l'Arabe avec le hachich. — L'Allemand, l'Anglais, le Flamand, le Hollandais, se délectent à boire d'énormes quantités de bière, qui occasionne, parfois, une dangereuse ivresse. — Dans plusieurs pays septentrionaux où la bière manque, on fabrique, avec le miel et certains aromates, une boisson enivrante qui a reçu différents noms et que nous appelons *hydromel*. — En Normandie et en Picardie la boisson ordinaire est le suc fermenté de la pomme ou de la poire, connu sous le nom de *cidre* et de *poiré*. — Les habitants des pays où croit la vigne, fabriquent les vins qu'ils préfèrent, avec raison, à toutes les autres boissons fermentées.— Enfin, les peuplades confinées aux terres polaires dépouillées de végétation composent, avec des champignons vénéneux, une boisson forte qui provoque une ivresse furieuse.

Devant ce besoin général de boissons fermentées, alcooliques, stimulantes ou narcotiques, on est forcé de reconnaître l'influence du climat et d'admettre leur usage restreint comme hygiénique ; mais ici, comme en toutes choses, c'est l'abus qui est nuisible ; l'abus qui dégrade le corps et abrége la vie.

L'action exercée par les boissons alcooliques sur la membrane muqueuse qui tapisse les voies digestives est presque toujours fâcheuse. En effet, après avoir violemment excité cette membrane, elles la dessèchent, la racornissent, et lui font perdre sa sensibilité. Une partie de l'alcool introduit dans l'estomac s'acidifie, l'autre partie est portée dans le torrent de la circulation. C'est cette dernière partie de l'alcool absorbé qui monte au cerveau, surexcite les centres nerveux, facilite les mouvements musculaires, précipite les battements du cœur, accroît momentanément la chaleur vitale, ainsi que les sécrétions urinaires et transpiratoires. — Mais, lorsque ces boissons alcooliques sont prises outre mesure, alors, aux symptômes physiologiques précédents, succèdent l'ivresse et l'affaissement des fonctions nerveuses et musculaires.

L'abus habituel des boissons alcooliques, excitantes ou narcotiques, en émoussant la sensibilité des papilles de la langue, blase le goût, qui ne peut être réveillé que par des quantités plus fortes de ces boissons. Plus tard, surviennent des gastrites chroniques, des indurations de la muqueuse de l'estomac, du pylore, des intestins : les engorgements du foie, les anévrismes, les congestions cérébrales, quelquefois, mais rarement, la combustion humaine spontanée ! On reconnaît le buveur à sa voie rauque, à son nez rutilant, à ses lèvres bleuâtres, à son teint couperosé, au tremblement musculaire, à l'affaissement des fonctions de l'intelligence ; enfin, à cet état de somnolence qui précède l'abrutissement et la complète nullité des facultés physiques et morales.

Les boissons alcooliques ne sont point les seules qui enivrent; il est d'autres substances avec lesquelles on prépare des boissons qui ont la propriété d'agir sur le cerveau et d'enrayer ou de pervertir les fonctions de cet organe : le pavot, la ciguë, le datura stramonium, l'ivraie, l'aconit, le chanvre indien, et plusieurs autres poisons fort énergiques.

Moyens d'apaiser ou de dissiper l'ivresse. — Ces moyens sont l'ammoniaque liquide à la dose de huit à dix gouttes dans un verre d'eau, les émulsions d'amandes amères, les eaux gazeuses et toutes les substances propres à éliminer l'alcool, soit par le vomissement, soit par les sueurs et les urines.

CHAPITRE XIV

ALIMENTATION SELON LES AGES

Par un singulier oubli, la plupart des auteurs qui ont écrit sur l'hygiène des voies digestives, n'ont qu'imparfaitement traité la question alimentaire qui concerne l'âge de croissance ; et c'est cependant une question de la première importance, puisqu'elle touche aux sources de la vie.

Dans le jeune âge, l'alimentation doit toujours être réglée sur la croissance de l'individu et sur les forces digestives de l'estomac. A cette époque de la vie où la digestion est si rapide, où les pertes sont plus grandes, le besoin de manger est plus fréquent, plus impérieux que dans les autres âges. Si l'estomac demande et qu'on lui refuse, tout le corps tombe en souffrance. Les jeunes sujets, dont l'appétit n'est pas régulièrement satisfait, se jettent avidement sur les aliments qu'on leur présente ; ils mangent gloutonnement et beaucoup. Leur digestion est souvent laborieuse : l'estomac se fatigue à chimilier une trop grande quantité d'aliments, et d'inévitables désordres dans le canal intestinal en sont la conséquence ; si cette irrégularité des repas se renouvelle souvent.

Or, la régularité dans les repas est un précepte d'hygiène dont on ne doit jamais s'écarter. De plus, on doit toujours régler le nombre des repas sur les besoins et l'accroissement du sujet. En effet, manger, c'est introduire dans l'estomac des matériaux propres à réparer les pertes et à favoriser la croissance. Mettre de l'irrégularité dans les repas ou les retarder, c'est au contraire arrêter la réparation et suspendre la croissance. On peut donc poser en principe que le meilleur moyen de régulariser la croissance se trouve dans la régularité des repas.

L'enfant est presque toujours affamé, il a donc besoin de manger souvent. On doit lui choisir des aliments qui s'assimilent facilement sans trop laisser de résidu : car, les matières excrémentielles accumulées dans les intestins finiraient par les fatiguer et les irriter. Il faut varier, autant que possible, les aliments de l'adolescent ; un mets trop souvent présenté ne tarde pas à le rassasier, et le dégoût qu'il éprouve à sa vue lui enlève l'appétit. Une jeune demoiselle de pensionnat, saturée de viande de mouton qui reparaissait à table chaque jour, disait à l'institutrice : « Madame, ne craignez-vous pas qu'à force de manger du mouton, nous ne devenions brebis ? » — Jamais, non plus, on ne doit forcer les enfants à manger les mets pour lesquels ils ont une invincible aversion ; la contrainte peut soulever l'estomac et provoquer le vomissement. C'est une grave erreur de croire que la violence peut habituer leur estomac à des aliments qu'ils refusent, et c'est être peu sage que d'en agir de la sorte. Laissez au temps le soin d'opérer des changements dans leurs goûts, car vous n'ignorez point que cet enfant, qui avait de la répugnance pour tel aliment, le mange avec plaisir après quelques années. Les enfants, en général, aiment beaucoup les fruits ; nous sommes loin de vouloir les en priver ; mais nous recommandons d'éviter l'excès des fruits, surtout de ceux qui ne sont point mûrs, et l'abus du régime végétal ; car, les affections lymphatiques sont imminentes lorsqu'on en abuse.

Adolescence.—Puberté.—Ces âges sont remarquables par la disposition aux maladies inflammatoires, le jeune homme et la jeune fille dont l'âme s'ouvre aux impressions du monde, et chez lesquels les passions ne tardent pas à éclore, doivent éviter une nourriture stimulante, et choisir leurs aliments dans la classe de ceux qui se digèrent facilement, sans porter l'excitation dans l'économie. Malgré le besoin de sucs réparateurs que leur corps éprouve, ils doivent être sobres, parce que les maladies inflammatoires sont à craindre. Toutes boissons excitantes, surtout les alcooliques, doivent être bannies de leur régime ; le vin coupé d'eau est la boisson qui leur convient le mieux.

Age viril. — L'alimentation de la femme et de l'homme faits est basée sur le tempérament, le climat, la profession et l'exercice, les forces digestives et assimilatrices. La raison leur apprend que la tempérance est mère de la santé, et qu'ils doivent choisir leurs aliments parmi ceux qui conviennent le mieux à leur estomac. Nous répétons que la diversité des aliments est une règle d'hygiène alimentaire, très-importante et des plus favorables au maintien de la santé. Le mélange des viandes, fécules, légumes verts et fruits, produit un très-bon chyle; tandis que, si l'on s'habitue à se nourrir d'un ou de deux aliments, l'habitude de les voir reparaître sans cesse, en émoussant leurs effets sur l'estomac, les rend moins désirables, moins appétents; l'on finit même par s'en dégoûter et par les digérer difficilement.

RÉGIME ALIMENTAIRE SELON LES TEMPÉRAMENTS ET PROFESSIONS.

Le choix et la quantité des aliments doivent être basés sur le tempérament, sur les besoins de la nutrition et sur l'activité des fonctions digestives.

Le tempérament sanguin, les constitutions robustes, athlétiques, exigent des aliments consistants, en rapport avec la force de l'estomac et les besoins d'une large assimilation. On recommande particulièrement aux sanguins d'user sobrement des excitants et des stimulants de toute espèce; car les affections inflammatoires, les congestions, les coups de sang, sont les graves maladies que ce tempérament doit redouter, pendant l'été de la vie; la goutte, les rhumatismes, l'apoplexie et les paralysies, pendant l'automne ou première époque sénile. Les personnes de ce tempérament devront donc être sobres de repas plantureux et de boissons spiritueuses; elles feront usage de viandes blanches, de végétaux et de fruits, surtout pendant la saison des chaleurs.

Le régime alimentaire du tempérament bilieux doit être moins chargé de viande et de boissons excitantes; les substances mucilagineuses et acides lui conviennent. Néanmoins, comme, en général, l'activité digestive est très-prononcée, il choisira des aliments dans la classe de ceux qui, sans être indigestes, séjournent longtemps dans l'estomac : les aliments légers seraient digérés trop vite. Plusieurs hygiénistes prétendent que le lait est contraire aux personnes bilieuses; mais ils ne disent point pourquoi. Ce qu'il y a de bien reconnu, c'est que, chez un bilieux en bonne santé, le lait bu ou mangé, sous toutes les formes, n'augmente nullement la quantité de bile.

Le tempérament nerveux offre de fréquentes irrégularités dans l'appétit et les forces digestives, tantôt la quantité d'aliments qu'il consomme est énorme, et tantôt elle se réduit à très-peu de chose. Les aliments grossiers et de digestion difficile sont défavorables à ce tempérament; il repousse aussi les boissons excitantes, dont l'action augmenterait sa sensibilité déjà trop exaltée. Il lui faut des aliments azotés et faciles à digérer, des féculents, des fruits savoureux, pour relever l'action de l'estomac souvent languissante et pour favoriser le développement des forces musculaires; car, c'est par une nutrition abondante et une large assimilation qu'on parvient à maîtriser la prédominance des centres nerveux.

Le tempérament lymphatique, au contraire, réclame une nourriture excitante qui aille stimuler les organes et porter son énergie dans les tissus. Les viandes noires, succulentes, les mets savoureux, les assaisonnements excitants, et, parmi les plantes, les aromates, les amers, etc., lui sont très-favorables.

CHAPITRE XV

On doit toujours proportionner la quantité de nourriture prise à chaque repas aux forces digestives de l'estomac et aux pertes que fait le corps par les diverses excrétions.

La nutrition dépend plutôt de la qualité que de la quantité des aliments. Une petite quantité de bons aliments fournit plus de sucs réparateurs qu'une grande quantité d'aliments de qualité inférieure.

L'homme, en général, mange et boit trop ; cette intempérance, suscitée par l'art culinaire raffiné, est une cause de fatigue des voies digestives et de beaucoup de maladies.

Pour ne point fatiguer l'estomac et bien digérer, il faut attendre que cet organe ait achevé la digestion du repas précédent. Cinq ou six heures, terme moyen, sont nécessaires à la digestion des aliments ; on devra donc mettre cinq à six heures d'intervalle entre chaque repas.

Ne jamais trop manger ; sortir, au contraire, de table avec une légère appétence.

Manger plus qu'on ne peut digérer, c'est s'exposer

à des digestions laborieuses, à des indigestions, et loin de se fortifier, on s'affaiblit.

Il ne faut ni manger ni boire lorsqu'on n'en sent pas le besoin.

L'instinct indique aux animaux les besoins de l'estomac et la quantité d'aliments qu'ils peuvent digérer. — Les herbivores prennent peu à la fois, et mangent sans cesse. — Les carnivores mangent vite et beaucoup, mais une fois par jour ou deux au plus.

— L'homme, étant herbivore et carnivore à la fois, doit tenir le milieu et régler le nombre de ses repas, ainsi que la quantité des aliments, sur les déperditions qu'il a faites. Ainsi, l'homme qui s'adonne à de durs travaux physiques a besoin de plus de nourriture que l'homme qui mène une vie sédentaire.

Le nombre des repas doit être réglé sur les âges, comme nous l'avons déjà dit, sur le tempérament, la saison, la profession et le genre de travail. L'enfant a besoin de manger plus fréquemment que le vieillard; l'adulte, plus que l'homme fait qui a acquis tout son développement.

John Synclair, auteur du *Code de santé et de longue vie*, s'exprime en ces termes :

« Si j'avais à diriger des individus qui fissent plus de cas de leur santé que des plaisirs de la table, je leur conseillerais de se lever à six heures, en été; de déjeuner à huit; de manger un peu de pain, des confitures ou des fruits à midi ; de dîner entre quatre et cinq heures, afin de pouvoir faire une promenade après dîner; enfin de ne point souper, mais de prendre une légère collation composée principalement de bons fruits de la saison. En hiver, je serais d'avis qu'ils retardassent leur repas d'une heure et qu'ils ne soupassent point. Au printemps ils se rapprocheraient graduellement des heures de l'été, et en automne de celles de l'hiver. »

Le docteur Cheyne dit qu'en général un homme de taille moyenne peut se nourrir très-bien, par jour, avec deux cent cinquante grammes de viande, cinq cents grammes de pain, deux cent cinquante grammes de végétaux et cinq cents-grammes de bon vin ou de bonne bière. — Le fameux **Cornaro**, qui a écrit un livre sur l'art de prolonger la vie, se contentait de quatre cents grammes de nourriture et quatre cent cinquante grammes de vin par jour.

L'homme, en société, est un animal d'habitude; toutes ses fonctions s'exécutent mieux et plus facilement lorsqu'il a des heures réglées pour satisfaire ses besoins, et les organes s'habituent promptement à cette régularité. — L'appétit arrive toujours aux heures accoutumées; il se dissipe s'il n'est point satisfait, et l'estomac souffre ; d'où l'on peut conclure que la régularité dans les heures des repas est une des meilleures conditions de bonne digestion et de santé.

Ainsi, prendre ses repas à des heures réglées : les multiplier ou les restreindre selon l'âge, le sexe, l'activité digestive, la saison et la profession, est une excellente méthode qu'il serait à désirer que tout le monde suivît.

Nous venons de dire que le temps nécessaire à la digestion, chez l'homme fait, est de cinq ou six heures ; ce n'est qu'après ce laps de temps que le

besoin de manger renait. Or, deux ou trois repas,
dont un léger, suffisent aux personnes sédentaires.

La quantité des aliments ingérés ne doit, au grand
jamais, dépasser les forces digestives de l'estomac.

Quand on a fait un repas trop copieux, il faut
s'abstenir du repas suivant, ou le réduire de beaucoup. Si, par circonstance ou accident, on a été privé
de l'un des repas de la journée, il serait imprudent
de s'en dédommager au repas suivant. Un voya-
geur, par exemple, qui n'aurait pu diner, serait irrai-
sonnable de souper doublement, pour récupérer les
aliments du diner. L'intempérance, dans le boire
et le manger, est un des plus cruels ennemis de la
santé et de la beauté.

L'intempérance et l'abstinence sont deux excès
également préjudicables à la nutrition.

La tempérance est mère de la santé ; elle permet
aux fonctions digestives de s'exécuter en pleine liberté, et c'est de cette liberté que nait le bien-être
physique et moral.

L'hygiène recommande expressément de ne pas
se livrer après avoir mangé, surtout après un repas
copieux, à des efforts physiques et à des travaux
d'esprit soutenus, car la digestion pourrait être
entravée dans sa marche. De même qu'il serait
imprudent de manger immédiatement après une
grande fatigue ; il est nécessaire, alors, de prendre
un peu de repos avant de satisfaire sa faim.

S'habituer à une ou deux substances alimentaires
et en faire exclusivement sa nourriture, est défavo-
rable à la santé du corps, parce que cette habitude
débilite l'estomac et le rend bientôt incapable à di-

gérer les autres aliments. Manger constamment des viandes blanches et des légumes verts, ainsi que le pratiquent beaucoup de personnes, sous le prétexte de ne pouvoir digérer aucun autre aliment, est un moyen infaillible de ruiner complétement les forces de l'estomac.

Plus on mange d'aliments secs, plus il est nécessaire de boire.

Le vin, lorsqu'il est de bonne qualité et qu'on en use sobrement, favorise la digestion; trop boire lui est nuisible.

Lorsqu'on a été habitué à une nourriture luxuriante et qu'on sent la nécessité de la réformer, il serait très-imprudent de tenter tout à coup cette réforme; on ne doit l'entreprendre que peu à peu. De même que, d'une nourriture pauvre et presque insuffisante, on ne doit point passer subitement à une nourriture abondante et choisie.

L'hygiène prescrit la gaieté pendant le repas; elle exclut les préoccupations et les chagrins.

Certains aliments qui se digèrent très-bien, en hiver, seraient indigestes en été.

Il est des aliments antipathiques à certains estomacs; on doit toujours s'en abstenir.

L'estomac, comme les autres organes, est doué d'un instinct particulier qu'il est difficile de vaincre, et qui demande qu'on le respecte. Le plus souvent il refuse de garder l'aliment qui lui est antipathique. Lorsque cette antipathie ou répugnance est très-prononcée, il y a nausées à la simple vue de l'aliment; vouloir l'ingérer de force est peu rationnel: car, aussitôt après son ingestion, l'estomac le rejette par

le vomissement, et le vomissement a toujours cela
de fâcheux, qu'il fatigue l'estomac, ébranle le système nerveux, soustrait à l'économie une portion
des aliments nécessaires à la nutrition ; enfin, il
peut, au plus fort d'une contraction violente, amener subitement la rupture d'un vaisseau, ou une
congestion organique souvent fort dangereuse.

Tous les hygiénistes sont d'accord sur les bons effets du dessert : les bons fruits, dans leur maturité,
doivent être préférés à toutes les pâtisseries et entremets sucrés qui composent le dessert.

La pomme de reinette bien mûre est un des fruits
les plus sains. Les enfants peuvent en manger beaucoup sans être incommodés. Le docteur Hufeland
prétend même que la pomme procure un doux
sommeil et prévient les engorgements.

La poire est aussi très-bonne, mais un peu moins
digestible ; le parfum et la saveur de certaines poires
sont supérieurs à ceux des pommes, et beaucoup de
personnes les préfèrent aux premières. Les poires
cuites sont légèrement laxatives.

On a reproché aux prunes de donner des maux de
ventre et d'occasionner des diarrhées : ce sont les
mauvaises prunes qui méritent ce reproche : les
bonnes prunes, en parfaite maturité, n'ont rien de
malfaisant. Les pruneaux cuits entretiennent la liberté du ventre, et sont d'une grande utilité dans
l'économie domestique.

L'abricot qui croit en plein vent est moins bon
que celui d'espalier ; mais il est plus savoureux, plus
agréable au goût. On reproche à ce fruit d'être fla-
tulent, de donner lieu à des crudités, et, s'il n'est

pas bien mûr et de bonne qualité, d'irriter la muqueuse intestinale. La pâte et compote d'abricots d'Auvergne est aussi exquise que salutaire.

La pêche est un fruit très-salutaire lorsqu'il est bien mûr et de bonne qualité ; on peut manger les pêches au sucre ou dans le vin.

Le raisin bien mûr contient beaucoup de sucre; il est très-nourrissant. C'est peut-être le plus salutaire de tous les fruits.

La figue est aussi très-bonne, mais il ne faut pas en abuser.

La cerise dite anglaise, est un excellent fruit : on peut en manger d'énormes quantités sans éprouver le moindre mal. Quelques médecins assurent que ce fruit, mangé en abondance, a rendu la santé à des enfants malingres.

Les fraises et framboises, quoique plus froides que les autres fruits, sont délicieuses par leur parfum et leur saveur. Le médecin Boerhaave prétend avoir été guéri d'un rhumatisme par l'usage longtemps continué des fraises.

La groseille est très-rafraîchissante ; mais on ne saurait en faire abus à cause de son acidité. La confiture de groseilles est excellente pour les estomacs convalescents.

La confiture de coings est très-stomachique mais astringente.

Les noix, noisettes et amandes sont, conjointement avec le pain, un manger nourrissant.

Les châtaignes et les marrons sont plus digestibles étant bouillis que rôtis : la fécule qu'ils contiennent est très-nourrissante, et sert de principal ali-

ment dans plusieurs provinces de France et d'Italie.
Cependant les châtaignes seraient indigestes et
très-venteuses, comme l'indiquerait ce vers :   /

Castaneæ molles faciunt laxare pudentes.

Une nourriture *trop riche* et *trop abondante* augmente la masse du sang et conduit à la pléthore.
Les conséquences de la pléthore sont les congestions pulmonaire et cérébrale, les hémorroïdes, les
hemorrhagies, etc. La sécrétion urinaire devient
insuffisante à éliminer la quantité d'azote fournie
au corps par les aliments ; alors, l'azote se dépose
dans les reins et la vessie, sous forme d'acide uri-
que, et donne naissance aux calculs ou pierre de la
vessie, à la gravelle, d'autres fois à cette triste
maladie nommée la *goutte*.

Une nourriture *insuffisante* ou de *mauvaise qualité*
produit des effets opposés : le sang s'appauvrit de
jour en jour et devient anémique, c'est-à-dire que
les globules du sang ont notablement diminué. Le
cœur multiplie ses battements, les palpitations surviennent, la respiration s'embarrasse, et bientôt le
cœur s'atrophie. Le sang a perdu une grande partie de sa fibrine, tandis que sa partie séreuse a considérablement augmenté. Alors, tous les tissus de
l'économie se relâchent et deviennent blafards ; des
œdèmes, des hydropisies, se manifestent sur différentes régions du corps, le tissu cellulaire se gorge
d'eau, les sécrétions naturelles se suppriment, et
la mort ne tarde pas à survenir, si le sujet n'opère
un prompt changement dans son alimentation.

Il existe des substances qui diminuent l'assimilation alimentaire en opérant un changement dans les molécules du sang ou des organes. L'iode, par exemple, porte atteinte à la nutrition lorsque son usage est trop longtemps prolongé. Les sels neutres, les préparations mercurielles, produisent le même effet; le tartre stibié, les sels rafraichissants, ont une action immédiate sur le sang; ils modifient la nature de la fibrine, ce qui rend leur emploi très-précieux dans le traitement des inflammations.

Lorsque la composition du chyle est viciée, soit par des aliments de mauvaise qualité ou détériorés, soit par l'effet d'un principe morbifique constitutionnel ou inoculé, le sang participe nécessairement à cette viciation. Alors surviennent des troubles dans l'économie, des déformations, des dégénérescences comme dans le rachitisme, le scorbut, les scrofules, la syphilis; la goutte, etc. Ces terribles affections se manifestent presque toujours par des exhalations et des excrétions morbides, par des affections cutanées, des ulcérations; et, quand elles sont portées à un haut degré, par une dégénérescence du système osseux. Ici, ce sont les substances pharmaceutiques ou médicinales qui doivent combattre ces implacables ennemis de l'organisation humaine, mais l'alimentation et le régime leur sont d'un grand secours.

L'étude des aliments, considérés sous le double rapport de leur composition chimique et de leur assimilation à tel ou tel organe, est de la plus haute importance, pour le développement du corps et le maintien d'une santé vigoureuse. Une alimentation basée sur ces principes et marchant de pair avec la gymnastique, a des résultats prodigieux, incroyables. Ainsi, l'on peut, au moyen d'un régime approprié, corriger certains vices héréditaires ou acquis, reformer, changer la constitution et opérer le renouvellement de l'être tout entier. Comme l'indique la classification des aliments que nous avons donnée, il est facile de diriger à son gré les sucs nutritifs sur tel organe, tel parenchyme ou tel tissu de l'économie. Si on les dirige sur le système musculaire, on verra les muscles grossir, se développer sous leur influence. Est-ce dans les lammelles du tissu cellulaire que les sucs nutritifs sont dirigés : en peu de temps la personne la plus maigre engraissera. Pour obtenir le résultat contraire, il ne s'agira que de supprimer les sucs qui arrivent au tissu cellulaire, et l'on dégraissera les obèses, lorsque, toutefois, ces deux maladies, la *maigreur* et *l'obésité*, ne seront point dues à une dégénérescence organique.

Nous allons exposer, dans les chapitres suivants, les diverses méthodes suivies pour transformer l'être humain, c'est-à-dire pour augmenter ou diminuer la masse de son corps, développer tel ou tel système et arrêter la nutrition de tel autre ; enfin, asservir la nature à l'art sans porter atteinte aux lois physiologiques, dont le parfait équilibre se traduit par la santé.

CHAPITRE XVI

Dans un précédent ouvrage, intitulé : *Hygiène du visage et de la peau*, nous avons donné la description anatomique et physiologique de l'organe cutané, afin qu'on pût se rendre compte de ces importantes fonctions pour la santé; nous croyons qu'il ne sera pas inutile de dire encore ici quelques mots sur la composition de la structure du tissu cellulaire et du tissu adipeux ou graisseux, pour que chaque lecteur saisisse nettement les causes et la marche de l'embonpoint et de la maigreur.

Tissu cellulaire — Ce tissu généra'ement répandu dans la totalité du corps, remplit les vides existant entre les organes, il leur sert d'enveloppe et les unit entre eux, ce qui lui a fait donner, par quelques physiologistes, le nom de *tissu unissant*.

La couche cellulaire immédiatement placée sous la peau marche avec elle et la suit presque partout; tantôt elle s'épaissit, tantôt elle diminue au point de ne laisser aucune trace. Le tissu cellulaire sert à fixer la peau aux chairs, à combler les vides interstitiels, à loger la graisse et à donner au corps ces belles formes arrondies qui plaisent tant aux yeux! Le tissu cellulaire est composé de fibres blanches, résistantes, élastiques, dont la réunion forme des lammelles de dimension variable; ces lammelles, à leur tour, s'entre-croisent et donnent naissance à des aréoles ou cellules dans lesquelles s'organise le tissu adipeux ou graisseux.

Tissu adipeux. — L'humeur, appelée graisse, est contenue dans de petites vésicules qui sont logées elles-mêmes dans les aréoles du tissu cellulaire, sans y adhérer. Chaque aréole contient un nombre plus ou moins grand de vésicules graisseuses qui, d'après le célèbre Mascagni, possèdent une artère, une veine et un conduit sécréteur. De tous les tissus de l'économie, la graisse est celui qui se forme et disparait le plus vite : la moindre maladie le fait diminuer, et quelques jours d'un bon régime suffisent pour l'augmenter.

Du développement des vésicules graisseuses dépend l'embonpoint; leur *hypertrophie* (1), ou excès d'accroissement, amène *l'obésité ;* leur *atrophie* (2), ou excès contraire, conduit au *marasme*. En d'autres termes, l'excès d'embonpoint dépend d'un défaut d'équilibre entre les réparations et les pertes ; l'amaigrissement dépend du défaut d'équilibre entre les pertes et les réparations.

D'après cet exposé, clair pour tout le monde, il est facile de comprendre que les moyens dirigés contre

_____

(1) *Hypertrophie*, dérivé de deux mots grecs, signifie excès de nourriture.

(2) *Atrophie*, également dérivé du grec, signifie défaut de nourriture.

l'obésité devront être ceux qui diminuent la sécrétion de la graisse dans les vésicules et qui augmentent les pertes ou excrétions. — Les moyens contre la maigreur seront d'un ordre tout à fait opposé ; et la conséquence logique de l'emploi bien entendu de ces moyens devra être la guérison.

OBÉSITÉ

L'obésité, ainsi que nous venons de le dire, est l'hypertrophie ou développement excessif du tissu adipeux. Les traits et les formes disparaissent sous des pelotes de graisse, les mouvements deviennent de plus en plus difficiles, et le corps ne présente plus qu'une masse informe. Les parties où le panicule graisseux se trouve le plus abondant sont celles qui acquièrent un plus gros volume ; le ventre et les mamelles arrivent quelquefois à un développement si énorme, que le corps, ayant perdu toutes ses formes primitives, n'est plus qu'une monstrueuse caricature.

Lorsque l'obésité n'affecte point les organes essentiels, tels que le cœur et le poumon, la vie est compatible avec cette gênante infirmité ; mais, si la graisse envahit l'un de ces organes, l'obèse est menacé d'asphyxie ou suffocation.

AGES ET TEMPÉRAMENTS QUI PRÉDISPOSENT A L'OBÉSITÉ

C'est particulièrement aux tempéraments lymphatiques et lymphatico-sanguins que cette maladie s'attaque ; c'est aussi vers le milieu de la vie, époque de la seconde jeunesse, que les sujets commencent à prendre de l'embonpoint. Le savant Hoffmann a dit : « Les sujets lymphatiques qui, s'adonnant à la bonne chère, prennent peu d'exercice et jouissent d'une grande tranquillité d'âme, doivent nécessairement engraisser ; l'obésité les menace. »

Le régime diététique, le travail, l'exercice, sont les meilleurs préservatifs de l'excès d'embonpoint. Dans une armée active de cinquante mille hommes, on ne rencontre point un seul obèse, mais on peut affirmer que vingt-cinq sur cinquante le deviendront par l'oisiveté et l'abondance.

Si l'embonpoint modéré est un signe de santé, son ecxès est un indice de faiblesse. La graisse s'accumule sur les points où le mouvement et la vitalité sont faibles : comme au ventre et à la poitrine. Des praticiens observateurs ont constaté qu'à la suite d'affections épuisantes on voit les malades engraisser : cela tient au défaut de proportion entre l'exsudation et la résorption. Les obèses, selon Boerhaave, paraissent bien portants et vigoureux, mais ce n'est qu'en apparence : car ils sont plus exposés que les autres aux maladies et ne peuvent résister à aucune fatigue. Hippocrate avait déjà dit que les gens trop gras sont plus facilement atteints que les autres par les affections régnantes, et que la mort fait, parmi eux, de nombreuses victimes. Enfin, tous les médecins conviennent que, sur deux sujets atteints de la même maladie, l'un trop gras, l'autre ni gras ni maigre, ce dernier aura dix chances de guérison, tandis que le premier n'en aura qu'une.

Ces opinions des plus savants médecins méritent une attention sérieuse de la part des personnes qui

ont une prédisposition à trop engraisser ou qui sont
en voie d'obésité. Nous leur dirons que cette maladie, prise à son début, cède ordinairement au régime ; tandis que, une fois déclarée, elle est plus
difficile à extirper ou du moins elle demande un
temps plus ou moins long, suivant la docilité du sujet à exécuter les prescriptions des hommes de l'art.

Le traitement rationnel de l'obésité n'a rien de
dangereux, et les médecins qui ont avancé que sa
guérison avait des suites fâcheuses ont, sans doute
voulu parler de quelques traitements empiriques
également réprouvés de l'art et de la saine raison.
De ce que certains remèdes mal employés ont été
funestes, doit-il s'ensuivre qu'il n'en existe point
d'efficaces ? Si l'on guérit les goitres, les glandes in-
durées, les exostoses, on peut, à plus forte raison,
diminuer l'embonpoint, attendu que les bourrelets
graisseux sont beaucoup plus faciles à résoudre que
les indurations et les exostoses. Du reste, de tous
temps l'obésité fut regardée comme une infirmité
assez grave, et fixa l'attention des médecins les plus
habiles; si les moyens dirigés contre elle n'ont pas
eu des résultats complets, on ne doit cependant
point la regarder comme incurable.

Dans l'ancienne Grèce, surtout chez les Spartiates, l'embonpoint était un déshonneur, parce qu'il
faisait supposer les hommes inhabiles à la guere, et
les femmes peu propres à faire de nombreux enfants. Les éphores décrétèrent que les jeunes gens
ayant une prédisposition à engraisser seraient fric-
tionnés, chaque jour, de la tête aux pieds, avec de
l'eau salée. Après ces frictions, on les lançait dans

le gymnase, où ils devaient s'exercer jusqu'à ce que la sueur ruisselât de tout leur corps. Leur régime, composé de viande de lièvre rôtie, fortement épicée, et de vin aigrelet, complétait un traitement presque toujours couronné de succès.

Hippocrate, Asclépiade et Galien conseillaient les purgatifs, les sudorifiques joints à une alimentation peu substantielle et peu abondante.

Presque tous les médecins modernes ordonnent l'exercice et le régime.

Le docteur Andry, auteur de la première orthopédie qui ait paru en France, conseille, comme un excellent moyen de diminuer la graisse, d'abord le régime et ensuite un demi-gros de cendres d'écrevisses, pris chaque jour dans un peu de bouillon dégraissé. Dans le cas où le succès se ferait attendre, il prescrit de mélanger à cette cendre autant de cendres d'éponges. Ce remède est si exténuant, ajoute ce médecin, qu'il peut occasionner une grande maigreur. Nous ne garantissons nullement les effets de cette médication.

Le traitement que nous proposons comme le plus efficace repose sur les lois physiologiques et sur le mode de nutrition ; il consiste tout simplement à diminuer les réparations et à augmenter les pertes : nous allons démontrer qu'il est facile d'arriver à ce résultat.

TRAITEMENT RATIONNEL DE L'OBÉSITÉ

Régime alimentaire. — Si le lecteur a retenu ce qui a été dit au chapitre de la classification des ali-

ments, il doit se rappeler que les aliments gras, gélatineux, féculents, farineux, etc.: que les boissons
chargées de principes nutritifs, comme la bière, le
cidre, les vins doux, se transforment, par la digestion en un chyle qui se dirige, presque en totalité,
sur le tissu graisseux; or, il est évident que l'obèse
devra s'abstenir complétement des aliments de cette
classe.

Le régime alimentaire sera exclusivement composé d'aliments secs, stimulants, épicés : — les
viandes chargées de carbone et d'azote comme celles de bœuf, de mouton, de lièvre, de chevreuil,
parfaitement dégraissées ; — la perdrix, la grive, le
faisan, le pigeon, etc. ; — les végétaux stimulants ou
aqueux, les haricots verts, les épinards, les endi-
ves, etc., préparés au sucre, jamais à la graisse. —
Toutes les espèces de salades fortement vinaigrées ;
— les fruits acides, etc.

Les boissons seront choisies parmi les vins secs,
surtout les vins blancs, largement coupés d'eau, les
limonades, l'eau de seltz, le café noir, etc. On recommande aussi de prendre, de temps en temps,
des tisanes sudorifiques et diurétiques, quelques
légers purgatifs, soit en potion, soit en lavement,
afin de provoquer des pertes par les sueurs, les urines
et les excrétions alvines; mais il faut être extrêmement sobre de ces moyens et les supprimer aussitôt
que le canal intestinal s'en trouve incommodé.

L'énergie de ce régime est encore augmentée par
les lotions d'eau salée sur tout le corps, et les frictions d'hydriodate de potasse dissous dans l'alcool,
faites deux fois par jour sur les parties les plus char-

gées de graisse, comme le ventre, la poitrine ou les seins. Ces frictions, dont la durée doit être d'une demi-heure, ont l'avantage de favoriser la fonte de la graisse, qui se dissipe peu à peu par les sueurs, les urines et les autres excrétions

Selon le savant Hunter, la compression est un excellent moyen d'activer l'action des vaisseaux qui résorbent la graisse. On sait que dans certaines maladies graves, où une diète absolue est exigée pendant un temps fort long, la nutrition s'opère par l'absorption de la graisse, qui est alors le seul aliment fourni à la circulation. Dans ce cas, si la diète se prolonge, non-seulement toute la graisse sous-cutanée est résorbée, mais encore toute celle qui entoure ou s'étend sur les diverses régions du corps. C'est cette résorption qui occasionne l'affreuse maigreur dans laquelle tombent les sujets forcés à une longue privation d'aliments. Or, un moyen naturel de diminuer l'excès d'embonpoint surgit de ces considérations, c'est celui de comprimer doucement les parties qu'on veut réduire de volume, en même temps qu'on s'astreint à un régime sévère, ou du moins au régime que nous venons de décrire.

On a aussi préconisé l'étincelle électrique comme un très-bon dissolvant de la graisse ; les obèses peuvent encore essayer ce moyen.

Enfin, les auxiliaires indispensables de ce traitement *anti-pachique* sont : un exercice de tous les jours, porté jusqu'aux sueurs et à la fatigue ; — se lever tôt, se coucher tard et ne donner que fort peu de temps au sommeil : cinq heures par exemple. Ces moyens, soutenus par une grande agitation d'es-

prit, doivent logiquement dégraisser le corps le
plus obèse et ramener l'organisme à ses fonctions
normales. Les deux exemples suivants en fourni-
ront la preuve :

Un énorme milord, du poids de quatre cent quatre vingt-quinze livres, jeune encore, et qui avait
essayé de tous les remèdes contre sa monstrueuse
obésité, rencontra, par hasard, dans une société de
Londres, un médecin français. La première question qu'il lui adressa fut pour s'informer si ce dis-
ciple d'Esculape ne connaissait point un remède
contre la maladie qui l'affligeait.

— C'est tout justement ma spécialité, lui répondit
le docteur; depuis longtemps j'ai borné ma pratique à engraisser ou à dégraisser les personnes qui
m'acordent leur confiance.

— Réussissez-vous quelquefois?

— Toujours, lorsqu'il y a chance de succès et
qu'on suit mes prescriptions.

— Oh ! mon excellent ami, s'écria le milord, dont
les yeux brillèrent d'un indicible espoir, vous serez
mon sauveur, et tous les sterlings que je possède
ne pourront payer la dette que j'aurai contractée
envers vous, si vous me dégraissez?

— Il s'agit d'abord de savoir si vous consentirez
à vous soumettre au traitement?

— Oui, je ferai tout ce que vous m'ordonnerez :
dès aujourd'hui je me mets à votre entière disposition. Je n'aurai de volonté que la vôtre.

— Eh bien ! milord, il faut dès demain quitter
votre patrie et me suivre en France. Trois mois de
séjour suffiront. Notez bien ceci : demain, vous sor-

tirez de Londres gros et rond comme un tonneau, et vous y rentrerez, dans trois mois, aussi élancé qu'un lévrier.

A ces mots, le milord aurait sauté de joie, si son poids formidable ne l'eût invinciblement attaché au sol ; à défaut de cette manifestation, sa joie se traduisit par une étroite poignée de main.

Le lendemain ils partirent ensemble, et deux jours après arrivèrent dans un village de Bretagne, perdu au milieu des prés et des forêts. Le médecin remit son client entre les mains d'un de ses parents, nommé maître Pick, riche paysan, qui cultivait lui-même ses terres, et, après lui avoir donné toutes les instructions nécessaires, fut prendre congé de son malade, lui promettant de revenir bientôt.

Les trois premiers jours, milord jouit de sa liberté et sourit aux champêtres beautés que la nature étalait à ses yeux ; il mangea fort peu ; les aliments qu'on lui offrait ne pouvaient convenir qu'à un estomac de paysan, et le sien n'avait jamais été traité qu'en estomac de milord. Le quatrième jour, il se vit cependant forcé de manger ce qu'il avait refusé la veille, sous peine de défaillir de besoin. — Le cinquième jour, maître Pick lui dit : « Mon ami, tout le monde ici travaille pour gagner sa pitance, vous travaillerez comme les autres ; car, je ne veux point nourrir une bouche inutile. » Milord fit une piteuse grimace, et le paysan ajouta : « Si vous ne travaillez pas de bonne volonté, on vous y contraindra par la force ; il est bon de ne pas vous laisser ignorer que je vous ai acheté cent schellings à votre conducteur, et que vous êtes ma propriété pour trois

mois : ce temps écoulé, vous redeviendrez libre :
mais, à dater d'aujourd'hui, vous commencerez à
me servir. »

L'Anglais resta d'abord stupéfait de ce qu'il venait
d'entendre ; puis il entra en fureur et se récria contre une aussi noire perfidie, qu'il taxait de guet-
apens infâme... Mais il eut beau s'agiter, protester,
jurer, faire la mauvaise tête, ce fut peine inutile ;
sur un signe de maître Pick, trois vigoureux paysans
se saisirent de son énorme personne, et, lui ayant
mis un fouet en main, l'entraînèrent dans une
immense prairie où sa tâche fut de garder le bétail.

Trois semaines s'étaient écoulées, et maître Pick,
s'apercevant d'une diminution sensible dans la ro-
tondité de son hôte, lui dit un soir : « Vous ne gar-
derez plus le bétail ; c'est à votre tour demain d'aller casser les mottes derrière la charrue. » — Milord
fut forcé de s'armer d'un lourd maillet et de remplir
la tâche que le maître lui avait imposée. Pendant ce
pénible travail, son corps ruisselait comme une fontaine ; il suait à arroser les sillons, et à l'heure des
repas on lui donnait, pour le réconforter, un morceau de pain noir frotté avec de l'ail, Dix jours de
maillet réduisirent son corps à la moitié du poids
primitif. Maitre Pick continua à diriger son élève,
en le faisant passer d'un travail à un autre travail
qui demandât une plus grande dépense de forces
musculaires.

Après trois mois d'une vie si rude, notre milord
avait les mains et les pieds calleux, le visage
bronzé, osseux, son ventre avait disparu ; les bourrelets graisseux de sa poitrine s'étaient fondus ; ses

bras, naguère gros et ronds comme des colonnes, montraient leurs saillies tendineuses; il était redevenu homme.

Alors, le médecin reparut et fut lui-même étonné du changement opéré dans la constitution de l'obèse. « — Eh bien! mon cher milord, lui dit-il, croyez-vous aujourd'hui à l'efficacité de mon traitement? — Je suis extrêmement heureux de l'avoir suivi et surtout terminé; cependant, je vous avoue que si c'était à recommencer, malgré tout mon désir d'être dégraissé, je n'aurais pas assez de force de volonté pour m'y soumettre de nouveau. Mais, puisque le but est atteint, je vous en remercie et vous prie instamment de me ramener, au plus vite, dans ma chère patrie. »

Arrivé à Londres, la famille du milord ne voulut pas le reconnaître, tant la métamorphose était grande; ce ne fut qu'après avoir prouvé son individualité qu'il put rentrer dans son hôtel.

AUTRE CURE NON MOINS PRODIGIEUSE

Un père supérieur d'une riche communauté se trouvait par suite de la vie paresseuse du cloître et de la bonne chère, arrivé à ce point où l'homme n'est plus qu'une masse de graisse informe. Le mouvement lui était devenu impossible; il ne conservait plus que celui des mâchoires. Menacé d'être étouffé sous l'enveloppe de graisse qui s'épaississait de jour en jour, le père résolut de se mettre à la discrétion d'un médecin, en grande renommée, pour la guérison de cette maladie, et se fit voiturer à sa maison de santé.

Le médecin usa largement du plein pouvoir qu'on lui accordait: il commença par changer la qualité et diminuer graduellement la quantité des aliments que le supérieur engloutissait chaque jour; puis, au bout d'un certain temps, lorsque le père eut un peu diminué, il employa les moyens gymnastiques dont voici l'exposé :

Deux hommes vigoureux saisissaient le supérieur par-dessous les bras et l'entrainaient dans la grande allée du jardin ; là, on l'obligeait à pratiquer, pendant plus ou moins de temps, la course à pied, tantôt usant de ses jambes et tantôt se laissant trainer lorsqu'elles refusaient. Cette course forcée durait jusqu'au moment où la sueur ruisselait de son corps; alors, il était reconduit dans une vaste chambre et jeté sur une paillasse, afin de s'y reposer de ses fatigues. Venait le soir, le pauvre père se sentait une faim dévorante... hélas! point de mets délicats à savourer, point de ces vins délicieux qui, autrefois, flattaient si bien sa sensualité : de l'eau et du pain, voilà tout... Mais, pour avoir ce pain, il fallait le gagner en recommençant une nouvelle gymnastique. La miche de pain qu'on lui donnait se trouvait entourée d'un réseau de ficelle et suspendue au plafond, par une corde, à une distance qui ne permettait pas de la saisir avec les mains. Pressé par la faim, le supérieur se voyait dans la nécessité de s'armer d'une vieille lame de sabre, qu'on avait mise près de lui, dans ce but, et de frapper la miche pour en enlever des morceaux : encore était-il obligé de sauter pour l'atteindre. Fatigué, il se reposait. mais la faim le remettait sur pied, et de nouveau il recommençait l'exercice, jusqu'à ce que la miche, sabrée de tous côtés, tombât par morceaux. Il eut beau supplier le médecin de mettre un terme à ses tortures, celui-ci ne voulut rien entendre, et le père supérieur se vit forcé de gymnastiquer ainsi pendant deux mois, au bout desquels il sortit de la maison de santé parfaitement dégraissé.

Un traitement semblable serait beaucoup trop dur pour le beau sexe ; peu de femmes auraient la volonté de s'y soumettre et de le suivre jusqu'au bout ; aussi, n'avons-nous cité ces deux exemples, que pour mieux fa're sentir la nécessité absolue de changer de manière de vivre, et de se livrer à un exercice soutenu, dès qu'on s'aperçoit de la moindre tendance à un excès d'embonpoint.

Il existe certains topiques ou remèdes locaux qui agissent directement sur le tissu graisseux, soit en diminuant son activité nutritive, soit en opérant la fonte de la graisse. Ainsi, plusieurs femmes, qui avaient vu disparaître, sous des bourrelets graisseux, l'élégance de leur taille, se seraient bien trouvées de l'application de ceintures, dans la duplicature desquelles elles étendaient une couche de sel de cuisine, et mieux encore de iodure de potassium. Ces ceintures auraient eu la vertu d'atténuer, peu à peu, et sans danger, l'enveloppe graisseuse qui empâtait leurs formes.

Pline le naturaliste assure que les dames romaines, qui ne craignaient rien tant qu'une gorge volumineuse, l'enfermaient, de bonne heure, dans des moules, pour en arrêter le développement. Si les seins repoussaient cet obstacle et grossissaient toujours, on les dégraisserait, sans nul inconvénient, en les recouvrant de la chair d'un poisson nommé *ange*. Si l'assertion de Pline est vraie, on doit regarder comme très-fâcheuse la perte d'un tel topique : ce poisson ne se retrouve plus...

Un autre moyen, plus récent et preque aussi simple, aurait été mis en usage, avec succès, dans les couvents de religieuses, où une gorge grasse et proéminente était un scandale. Le voici : on composait un cataplasme avec de la terre sigillée, un peu de chaux, du suc de persil et de l'albumine ou blanc d'œuf. Lorque le tout avait été bien battu et réduit à consistance de cataplasme, on l'appliquait sur les seins. Ce procédé peut réussir, mais il est de beaucoup inférieur aux frictions avec les préparations d'iode.

Une foule d'autres procédés, plus ou moins absurdes, plus ou moins violents, ont été proposés et mis en usage contre l'obésité, tels que l'ablation de la graisse avec l'instrument tranchant, les purgatifs violents, une diète absolue, etc. Quelques-uns de ces moyens sont impraticables : les autres sont infidèles et dangereux, comme de boire du vinaigre, par exemple, préjugé assez généralement répandu ; enfin, tous sont funestes, en ce sens qu'ils attaquent les source de la vie et développent des maladies le plus souvent incurables.

CHAPITRE XVII

MAIGREUR

La maigreur consiste non-seulement dans l'atrophie du tissu adipeux, mais encore dans la diminution de volume de tous les systèmes d'organes qui composent l'être vivant. Nous avons dit qu'elle était causée par un défaut d'équilibre entre les réparations et les pertes ; or, toutes les fois que la somme des déperditions dépasse de beaucoup celle des réparations, le corps maigrit, et la maigreur augmente en raison de la durée de cet état vicieux.

Il ne sera point question ici de cette déplorable maigreur, causée et entretenue par des altérations organiques, telles que la tuberculisation générale, la phthisie, dont l'action lente, mais incessante, mine le corps et le réduit à l'état de squelette, avant de le précipiter dans la tombe.

Les graves affections sont du ressort de la haute médecine, qui, presque toujours, n'est point consultée à temps, pour en arrêter les progrès mortels.

La maigreur dont nous allons nous occuper, toujours compatible avec la santé, n'est le plus ordinairement entretenue que par la rapidité, l'énergie des mouvements de décomposition et la faiblesse de ceux d'assimilation; soit à cause de l'excessive irritabilité du tempérament; soit à cause de l'état moral de l'individu. Ainsi, les tempéraments nerveux et mélancoliques, les passions tristes, les vives contentions d'esprit, les veilles, les fatigues prolongées, les chaleurs excessives, les jeûnes, l'abstinence volontaire ou forcée, l'insuffisance de nourriture ou sa mauvaise qualité, l'abus des excitants, l'excès des plaisirs, etc., sont autant de causes de maigreur qui peuvent être avantageusement combattues par les moyens hygiéniques. Ces causes étant détruites, la nutrition reprend son cours physiologique, et le système graisseux reçoit, comme les autres systèmes, sa portion de sucs nourriciers.

La maigreur est, pour la beauté, un ennemi encore plus redoutable que l'embonpoint; car, si l'une grossit les formes, exagère, empâte les contours; l'autre les aplatit, les dessèche, et les réduit aux lignes anguleuses, qui caractérisent la laideur.

Dans aucun pays du monde, la femme maigre, montrant les saillies de sa charpente osseuse, n'éveilla le désir, n'inspira l'amour; tandis qu'en Orient les femmes, matelassées de graisse, passent pour belles et sont très-recherchées. Nous-mêmes, peuple civilisé, nous pardonnons plus facilement une exubérance de formes que le défaut opposé.

Traitement. — Dans la maigreur qui ne dépend point d'une lésion organique, la première indication est de faire cesser la cause qui l'entretient et de soumettre le sujet à un régime qui augmente les réparations et diminue les pertes.

Qu'une personne, par exemple, habituée à se nourrir de viandes noires, de haut goût, de mets fortement épicés; usant de boissons excitantes, vins secs, thé, café, etc.; dépensant beaucoup en activité physique et intellectuelle, en veilles, en agitation morale : que cette personne, dis-je, change sa manière d'être et de vivre; qu'elle choisisse ses aliments parmi les substances grasses, gélatineuses féculentes; que ses boissons soient prises parmi les liquides chargés de principes nutritifs, comme la bière, le cidre, les vins doux; qu'elle accorde peu de temps à la veille et beaucoup au sommeil; qu'elle soit dans une parfaite quiétude d'esprit, en un mot, qu'elle donne beaucoup à la vie animale et fort peu à la vie intellectuelle. Sous l'influence de ce régime, continué pendant plusieurs semaines, il faut, nécessairement, qu'elle engraisse.

Les *aliments* les plus favorables à l'embonpoint, c'est-à-dire ceux qui portent directement au tissu graisseux leurs sucs nutritifs, sont : — toutes les espèces de graisses, les viandes grasses et blanches, les gelées et les consommés de viandes, l'huile, le beurre, le lait, les fromages frais, les pâtes féculentes et les légumes préparés avec beaucoup de graisse, ou de beurre.

Les *boissons* qui contribuent le plus à engraisser sont : le cidre et les vins doux, la bière, l'hydromel, l'hypocras, etc. On cite une foule de garçons brasseurs qui, entrés fort maigres, dans une brasserie, y ont acquis un embonpoint remarquable; plusieurs même, d'un tempérament lymphatico-sanguin, sont arrivés à l'état d'obésité, par le seul usage de la bière nouvelle. Les vins doux, les raisins et les figues produisent des effets à peu près semblables.

Un point très-important, c'est la variété dans l'alimentation ; c'est-à-dire qu'il faut manger de plusieurs mets dans le même repas, et, autant que possible, en choisir chaque jour de nouveaux, de façon que ceux qui sont mangés aujourd'hui, ne reparaissent que trois ou quatre jours après. Une preuve que les organes de la digestion s'accommodent parfaitement de cette variété, c'est qu'un estomac qui est devenu paresseux à digérer toujours les mêmes aliments, retrouve ses premières forces pour digérer des mets nouveaux.

Les repas ne doivent jamais être trop copieux ; il est préférable de manger trois fois par jour avec modération, que de manger deux fois trop copieusement. Une trop grande quantité d'aliments fatigue l'estomac ; le travail de la disgestion se fait péniblement, et celui de la chymification reste imparfait, d'où il résulte une moindre quantité de chyle.

Le régime de l'engraissement demande aussi quelques bains entiers d'eau tiède ; des frictions sur la surface de la peau, avec une flanelle sèche ou imbibée d'un liquide excitant, tel que le vin aromatique : enfin, un léger purgatif, pris chaque semaine, pour débarrasser le canal digestif des saburres qui pourraient s'y être formées.

Nous venons de dire que les Orientaux préféraient les femmes grasses, énormément grasses, à toutes les autres. La beauté, pour eux, ne réside point dans la pureté des lignes, dans l'élégance des contours, dans la gracieuse souplesse des mouvements : ce sont des masses de chair qu'il leur faut, ce sont des formes larges, rebondies, des poitrines énormes qu'ils recherchent.

Nous fermerons ce chapitre par l'exposition des moyens dont se servent les femmes de ces climats pour obtenir cet énorme embonpoint qui les rend si précieuses aux yeux des polygames d'Asie.

Les femmes des sérails et des harems, créatures indolentes, mènent généralement une vie douce et tranquille, lorsqu'elles savent se conformer aux règles de la maison ; — leurs occupations se bornent à boire et à manger, à composer leur toilette, selon les goûts du maître, à prendre des bains et à s'endormir mollement sur de moelleux tapis. Elles se nourrissent de viandes blanches et de gelées de jeunes animaux, de riz, de fécules de sagou, de salep, de pilau aux raisins de Corinthe ; elles boivent de l'hydromel, et font régulièrement, après le repas, une longue sieste. Exemptes de toute passion, de toute émotion pénible, elles passent, nonchalamment, leurs journées au milieu des parfums et des fleurs.

Les bains fréquents et le massage, les onctions huileuses, au sortir du bain, pour s'opposer aux pertes par la transpiration ; l'habitude de prendre des aliments et surtout des boissons nutritives dans le bain tels que dattes, pistaches, olives, lait d'amandes douces et de noix de cocos ; l'usage de l'hydromel et du *kalva*, espèce d'électuaire, où il entre des amandes de ricin, qui excite l'appétit, active la digestion et purge doucement ; enfin, beaucoup d'autres moyens dont les détails deviendraient fastidieux, font, en peu de temps, acquérir à ces femmes ce luxe de for-

mes et cet embonpoint excessif qui leur vaut le titre
envié de favorite (1).

(1) Pour les détails du *bain des femmes d'un harem*, voyez
notre *Hygiène des Baigneurs*, ouvrage où se trouve la description
de toutes les variétés de bains usités chez les divers peuples de la
terre. Prix : 2 fr.

CHAPITRE XVIII

**Des modifications et transformations que l'alimentation et le
régime peuvent opérer dans l'économie humaine.**

La lumière, l'obscurité, l'air, l'eau, les substances
alimentaires et médicamenteuses, les exercices gymnastiques et le repos, etc., sont autant de modificateurs de la vie et de la forme humaine ; les aliments
et boissons surtout, le régime et la gymnastique
dirigés selon l'art, peuvent être regardés comme
les principaux modificateurs. Des faits nombreux
attestent, chaque jour, leur puissante influence sur
l'économie et les prodigieux résultats qu'on en
obtient.

Nous avons dit dans l'*Hygiène du Mariage*, 37me
édition : — Prendre l'être humain à sa naissance ;
suivre la nature et la favoriser dans sa marche normale ; la réprimer, l'arrêter dans ses tendances vicieuses ; régler et distribuer la nutrition de manière
à perfectionner les instruments de la vie ; se conformer strictement aux préceptes hygiéniques, fruits
d'une sage expérience, afin d'assurer à l'enfant le développement complet de ses facultés physiques et

morales: tel est le but vers lequel les parents et les instituteurs devraient incessamment diriger leurs efforts.

Cette éducation de la vie animale n'est point une utopie, comme on pourrait le croire; c'est une vérité désormais reconnue et dont on devrait multiplier les applications.

Si nous jetons les yeux sur le règne végétal, ne voyons-nous pas les fleurs des champs devenir doubles, triples dans nos jardins; des arbres donner des fruits plus gros, plus savoureux: des plantes acquérir d'énormes dimensions, au moyen de certains procédés, dont s'est enrichie l'horticulture? M. Puvis a constaté que des melons arrosés avec du purin, selon sa méthode, étaient arrivés à un poids de trente-cinq à quarante livres, sans qu'ils eussent rien perdu de leur délicatesse et de leur parfum.

Si nous passons au règne animal, nous voyons aussi que le développement de la forme est toujours dû au mode de nutrition et à l'hygiène instinctive. Nous avons dit, au chapitre Procréation, de l'*Hygiène du Mariage*, que le savant Duméril déterminait à son gré la sexualité chez les abeilles, par l'alimentation et la quantité d'air. Milne Edwards s'est opposé à la métamorphose des têtards en crapauds, en les privant d'air et de lumière, et en leur faisant acquérir, sous la même forme, par la nutrition, des dimensions énormes. Les œufs d'oie, de poule, de canard, etc., qu'on fait éclore par des moyens artificiels, produisent des monstruosités de telle ou telle partie, calculées sur l'application de la chaleur, pendant la période d'incubation.

A mesure que l'être s'élève sur l'échelle animale, ces faits acquièrent une plus grande importance.

Les peuples de l'antiquité avaient acquis, par leur système d'éducation physique, la vigueur et le courage ; leur constitution, fortement trempée dès le bas âge, résistait aux intempéries les plus meurtrières ; ils méprisaient la douleur et, de sang-froid, bravaient la mort. Les Hellènes possédaient, entre tous les peuples, la beauté du corps au plus haut degré ; cependant cette *eumorphie*, si célèbre dans l'ancienne civilisation, ne leur avait pas été transmise par leurs ancêtres. Les Grecs, d'après Hérodote, auraient dû cette beauté physique à une loi de Solon, relative à l'âge, au tempérament et au choix des individus dans l'union des sexes. Plus tard, les peintures, les statues, représentant la forme humaine sous les formes les plus élégantes, ne furent point étrangères à l'amélioration de la race : leur profusion sur les places, dans les édifices publics et les maisons particulières, impressionna ce peuple d'artistes et agit vivement sur l'imagination des femmes enceintes.

Les Turcs, qui se font admirer, de nos jours, par leur physionomie régulière et leur robuste charpente, descendent cependant, en ligne directe, des Tartares, dont la *prosopopie*, ne s'éloigne guère du type chinois. L'amélioration de la race turque provient de son croisement avec les femmes géorgiennes, mingréliennes, et surtout avec les femmes grecques, alors que l'esclavage pesait sur le beau sol du Péloponèse.

Certaines peuplades d'Afrique, d'Amérique et de

l'Océanie, égarées sur ces principes de la beauté, déformaient autrefois les traits du visage, aplatissaient ou allongeaient la tête de leurs enfants ; et, quoique ces pratiques ne soient plus aujourd'hui en usage parmi elles, les enfants viennent au monde avec des têtes allongées en melon, ou aplaties. Les Chinois ont obtenu, par des procédés de traction, la forme des yeux à demi ouverts et à paupière supérieure longue et tombante ; par la compression, ils sont arrivés à diminuer, de moitié, le pied des femmes. Les longues oreilles et les nez plats, de certaines peuplades, obtenus, dans le principe, par le tiraillement et l'écrasement, sont devenus invariablement héréditaires : ce qui tendrait à prouver qu'une forme, factice d'abord, deviendrait naturelle au bout d'un certain laps de temps.

Chez toutes les nations du globe on trouve des traces visibles des efforts de l'art pour retrancher, ajouter ou modifier la forme et les traits de l'être humain ; et, selon l'état de civilisation ou de barbarie, ces efforts ont porté la forme humaine à un certain degré de beauté, de perfection, comme chez les anciens Grecs ; ou l'ont dégradée jusqu'à la laideur, comme chez quelques peuplades hideuses d'Afrique et d'Amérique.

Les Anglais, nos maîtres dans l'art plastique appliqué au règne animal, sont parvenus, à force d'interroger la nature et de la suivre dans ses mystérieux détails, à découvrir quelques-unes des lois de la matière vivante. Aujourd'hui, l'homme peut, à son gré, retarder ou précipiter la marche de la vie ; il peut rendre l'animal fort, vigoureux, grand, petit, débile, étiolé, selon sa fantaisie, son caprice ; et tous ces prodiges s'opèrent par le régime et l'alimentation.

Après quinze ans d'essais et d'expériences raisonnées, le célèbre Bakwel parvint à établir sur des bases solides sa méthode de l'*entraînement*. Les résultats qu'il obtint dépassèrent son attente. Ainsi, il forma des bœufs pour la charrue et la boucherie ; des chevaux pour le trait et la course ; des moutons, des chèvres, des chiens de toute taille, de toutes formes, etc. Les bœufs qu'il élevait pour la boucherie avaient des jambes courtes, une panse étroite, de petits os, la peau mince ; tandis que la poitrine et l'intervalle compris entre les deux hanches étaient larges, profonds et énormément charnus : la masse musculaire formait les deux tiers du poids de l'animal. Bakwel, jugeant les cornes inutiles aux bœufs qu'on élève pour tuer, créa une race bovine sans cornes, et par ce moyen détourna, au profit de la chair et de la graisse de l'animal, les sucs nutritifs destinés à la formation des cornes. Il éleva des moutons et des chèvres pour le suif seulement, et obtint des animaux monstrueux de graisse et ayant un système musculaire si peu développé, que la locomotion leur devenait impossible. C'est à cet homme, justement célèbre, que l'Angleterre doit ses bœufs énormes, ses excellents chevaux et ses belles races ovine et canine.

La méthode de Bakwel est devenue européenne. Les fermiers éclairés et intelligents l'appliquent avec succès à leurs bestiaux ; ils connaissent les conditions organiques que doivent présenter les ani-

maux pour être engraissés, dégraissés ou emmus-
clés, et quels sont les aliments qui conviennent le
mieux pour obtenir ces divers résultats.

La méthode de *l'entraînement* est parfaitement
applicable à l'homme, et les Anglais opèrent chaque
jour de prodigieuses métamorphoses sur les sujets
soumis à *l'entraînement*. Ils forment des hommes
pour le cheval, la course, la lutte, le pugilat, etc.
Les sujets *entraînés* pour être *coureurs* deviennent
maigres. et tendineux ; les *jockeys* sont encore plus
maigres, et il en est dont le poids total du corps ne s'é-
lève pas à soixante livres. Les *athlètes*, au contraire,
présentent un énorme développement du système
musculaire ; les lutteurs et boxeurs, que leurs gros
membres et leurs corps charnus feraient croire
lourds, déploient, dans leurs exercices, une étonnante agilité. Les coups affreux qu'ils se portent au
visage occasionneraient à tout autre une tuméfac-
faction considérable avec ecchymose, suite de l'ex-
travasation du sang dans le tissu cellulaire. Chez
les boxeurs anglais, les coups les plus terribles ne
laissent aucune trace, et cela parce que le régime
de l'entraînement a fait disparaître, en partie, le
tissu adipeux sous-cutané.

Le régime de l'entraînement ne borne pas son action au système graisseux et musculaire seulement,
il modifie encore tous les organes, toutes les parties
de l'individu : le poumon, le cœur, le sang, les os, etc. ;
il porte aussi son influence sur toutes les fonctions
de l'économie. Nous ne ferons ici qu'indiquer
sommairement les divers modes qui constituent ce
régime.

Afin d'éviter les brusques transitions du régime
alimentaire, toujours nuisibles à la santé, les personnes qui se soumettront à l'entraînement, pour
diminuer ou augmenter le volume de leurs corps,
devront se préparer pendant quelques jours ; c'est-
à-dire : la personne habituée à un régime végétal
devra diminuer, de moitié, les légumes qu'elle
mange et les remplacer par de la viande ; la personne habituée à une nourriture animale se com-
portera d'une manière opposée. Après avoir satisfait
à cette préparation préliminaire on peut se livrer,
sans aucune crainte, à l'entraînement.

Régime pour emmuscler. — On commence par pur-
ger et faire suer l'individu, afin de le débarrasser de
la graisse et de la sérosité surabondantes ; ensuite on
ne lui donne pour aliments que des viandes rôties
et succulentes, du pain grillé et un ou deux petits
verres de madère par jour. On réduit, autant que
possible, la quantité des boissons, et on ne lui permet que celles qui sont excitantes comme le thé,
une légère infusion de café, etc. Les ragoûts, le
beurre, les aliments gras et féculents lui sont strictement interdits. De temps à autre on lui administre quelques purgatifs, dans le but de nettoyer
la muqueuse gastro-intestinale et d'exciter l'appétit.
Le sujet est en outre soumis à une gymnastique
journalière, dirigée selon les lois physiologiques,
c'est-à-dire comprenant des exercices gradués, peu
fatigants d'abord, puis s'élevant d'une manière insensible jusqu'à permettre les contractions musculaires les plus énergiques, les plus puissantes.

Régime pour dégraisser. — Ce régime doit être

excitant et peu substantiel. La nourriture, prise en petite quantité, se composera de viandes blanches dépourvues de toute graisse et bien condimentées; de légumes cuits à l'eau, sans beurre ni autres substances grasses, mais salés et vinaigrés simplement; de fruits, de boissons acidulées, diurétiques, de vins blancs, de café noir, etc. A cette alimentation il faut joindre les purgatifs salins et de légers sudorifiques, à des intervalles de deux ou trois jours. La gymnastique soutenue est ici indispensable : l'escrime, la danse, la natation, la course, les promenades prolongées jusqu'à la fatigue. Ce régime, bien suivi pendant trente-cinq à quarante jours, opère la fonte du plus gros ventre, efface l'obésité. Le docteur Wadd rapporte l'observation d'une dame obèse que *l'entraînement* fit diminuer de quatre-vingt-dix-sept livres en un mois.

Régime pour engraisser. — Lorsque la maigreur ne dépend pas d'une affection organique, la méthode pour engraisser consiste à diriger sur le tissu cellulaire les sucs nutritifs provenant de certains aliments. Les expériences de plusieurs physiologistes et chimistes ont démontré que les matières grasses contenues dans le chyle allaient invariablement s'interposer dans les aréoles du tissu cellulaire pour y former la graisse; or, les viandes grasses, le beurre, l'huile, le riz au gras, les farineux et féculents préparés avec force graisse, les ragoûts et autres aliments gras, devront composer la nourriture exclusive des personnes qui désirent engraisser. On peut, à l'exemple des femmes turques, adminitrer de temps en temps des lavements de bouillon gras chargé de

gélatine. Les boissons seront prises parmi les vins
sucrés, les bières et cidres nouveaux, le lait non
écrémé, l'hydromel, etc., à l'exclusion de tout vin
sec, de thé et de café. On joint à ce régime les bains
chauds et le repos au sortir du bain ; le sommeil,
aussi longtemps prolongé qu'il sera possible ; de
temps à autre de légers purgatifs, pour exciter le canal gastro-intestinal ; enfin, peu d'exercice et beaucoup de repos. Cette alimentation opère presque
toujours une complète métamorphose ; on a vu des
personnes étiques et anguleuses devenir, en quelques mois, rondes comme une boule.

D'après ce qu'on vient de lire, il reste comme un
fait rigoureusement établi, que chaque classe d'aliment possède son influence élective ; que l'homme
peut, à son gré, diriger les sucs nutritifs sur tel ou
tel organe et en priver tel ou tel autre, et qu'il peut
enfin opérer, par la nutrition, des changemets complets dans les différents systèmes d'organes et les
tissus de l'être vivant.

CHAPITRE XIX

DE L'HABITATION

Si l'on tient compte du temps consacré aux divers travaux domestiques, aux repas et au sommeil, on peut évaluer aux deux tiers de la journée, c'est-à-dire seize heures sur ving-quatre, le temps que l'homme passe dans la maison. La femme, plus casanière que l'homme, et les enfants en bas âge, y sont retenus plus longtemps encore. Si l'on admet, comme il arrive souvent, qu'un ou plusieurs membres de la famille soient entachés d'un vice constitutionnel, d'une infirmité, d'une maladie donnant lieu, par la voie cutanée, pulmonaire ou intestinale, à des émanations fétides, on comprendra que l'air confiné d'un local se saturera de ces émanations, et qu'il pourra s'établir un commerce miasmatique entre les individus malades et les individus sains. Or, la maison étant le lieu où s'écoulent les trois quarts de la vie, il est de la première urgence qu'elle offre les conditions de salubrité les plus favorables à la santé de ceux qui l'habitent. Ces conditions sont : une bâtisse parfaitement sèche ; l'exposition au midi dans les pays humides, au levant dans les contrées plus chaudes ; de larges corridors bien aérés une vaste cour, un jardin, s'il est possible ; la façade donnant sur une place ou sur une rue large et bien entretenue. Le professeur Londe dit que les cours et corridors sont à la maison ce que les poumons sont au corps ; le professeur Lévy ajoute que les rues étroites sont des canaux aériens dans lesquels se déverse le méphitisme humain par toutes les maisons qui les bordent des deux côtés. La dimension des appartements doit être calculée sur le nombre des personnes qui y séjournent. Chaque individu consommant, par la respiration, un pied cube d'oxygène dans une heure, le volume d'air à lui fournir devrait être de six mètres cubes par heure. Les chambres à coucher exigent une capacité de quarante à quarante-cinq mètres cubes d'air pour chaque individu. On doit ouvrir les croisées de la chambre à coucher, le matin, afin de donner issue à l'air vicié par la respiration et les émanations du corps, et pour donner accès à l'air extérieur. Aucune substance odorante ne doit rester, la nuit, dans la chambre à coucher ; aucune matière qui puisse contribuer à l'altération de l'air. Le professeur Londe, à cet égard, donne ce précepte laconique : Point de lampe, point de feu, point d'animaux, point de fleurs dans la chambre destinée au sommeil. Ainsi, les diverses pièces d'une maison, pour réunir les conditions de salubrité, doivent être plutôt spacieuses qu'étroites, percées de croisées nombreuses, pour qu'on puisse établir une ventilation facile ; car le renouvellement de l'air, surtout dans la chambre à coucher, est de la plus haute importance. Bien souvent les maisons des riches, où s'étale un luxe de tapis, de rideaux élégamment frangés, de lits somptueux, de meubles dorés, etc., pèchent du côté de l'hygiène. Rien ne manque dans les coquets appartements de la dame du logis, rien, hormis l'air pur qui alimente la vie; on s'occupe incessamment du luxe, du confort, et l'on néglige l'élément essentiel à la santé.

On recommande de découvrir le lit aussitôt après le lever, afin que les émanations du corps, dont les draps sont imprégnés, puissent s'évaporer. L'habitude de faire le lit aussitôt après le lever est anti-hygiénique; les draps doivent être exposés à l'air, les matelas retournés, les croisées de la chambre à coucher ouvertes; ce n'est que vers le soir que le lit doit être fait. Cet usage existe dans plusieurs contrées; il est excellent, on devrait le suivre. — L'hygiène prescrit également de changer la paille de la paillasse, de découdre les matelas au moins deux fois l'an, d'en battre la laine, de l'exposer à l'air pour en chasser les émanations animales dont elle s'est imprégnée, et d'en opérer à fond le cardage.

A Paris et dans les grandes villes, les entre-sols ainsi que les chambres du premier étage donnant sur le derrière, et dont les croisées s'ouvrent généralement sur une petite cour humide, infectée par les miasmes des plombs qui s'y dégorgent, sont très-insalubres, parce que les rayons solaires n'y pénètrent jamais et que l'air s'y renouvelle difficilement. Le soleil, la lumière et l'air, c'est ce qui vivi-

fie ; l'obscurité, le manque d'air ou l'air vicié, c'est
ce qui tue. Malheureusement pour l'hygiène publique et privée, l'esprit de spéculation, l'appât du
gain, l'avarice, poussent les propriétaires de maisons à distribuer leurs locaux non dans un but de
salubrité, mais dans le sordide et coupable intérêt
de gagner le plus d'argent possible. Que leur importe à eux si la mort décime de pauvres familles
entassées dans des chambres étroites et peu aérées !
cela ne les touche nullement ; ce qui les intéresse,
c'est l'argent, l'argent! Ils ne reconnaissent que ce
dieu.

Un rapport du conseil de salubrité du départe-
ment de la Seine s'exprime en ces termes sur la plupart des constructions de Paris : « Nous voyons de
tous côtés des maisons, des passages, prendre la
place des jardins; les étages s'élèvent à une hauteur
démesurée, les cours se rétrécissent et ne sont, pour
ainsi dire, qu'une espèce de puits humide que les
rayons du soleil ne baignent jamais ; le sol parisien
ne semble plus fait que pour recevoir des pierres
entassées pour nous servir de prisons. L'autorité,
chargée de veiller au bien-être des citoyens, devrait intervenir, par des règlements, pour diriger
les travaux des constructeurs, et empêcher qu'une
aveugle cupidité ne prépare aux habitants des
villes qui, comme Paris, s'agrandissent chaque
jour, des sources où ils puiseront les germes de
nombreuses maladies et les causes d'une mort pré-
maturée. »

Dans un siècle où la cupidité, où l'horrible soif
de l'or pousse à de si hideux moyens, des ordon-

nances et règlements sévères de police concernant l'hygiène publique devraient forcer les constructeurs à bâtir sur un modèle donné et faire abattre impitoyablement les maisons des spéculateurs qui ne se seraient point conformés à ces règlements. Mais, ce n'est pas ici le lieu de nous étendre sur un sujet de si haute importance: il nous suffira de dire que l'habitation la plus convenable, la plus saine, est une maison bien située, spacieuse, aérée, exempte d'humidité, de mauvaise odeur, etc. Les cours, escaliers, corridors et surtout les plombs, doivent être fréquemment lavés ou nettoyés. Les Orientaux blanchissent au lait de chaux, chaque année, leurs maisons, intérieurement et extérieurement; en outre, ils opèrent des lavages quotidiens qui entretiennent la fraîcheur et la propreté. Les Hollandais et les Belges, riches et pauvres, ont placé un amourpropre très-louable dans l'extrême propreté de leurs maisons; les Français devraient bien les prendre pour exemple. En Hollande comme en Belgique, le parquet des maisons particulières et le marbre des palais sont également lavés, séchés et frottés chaque jour, les vestibules, les corridors, les escaliers, les cours, sont nettoyés avec autant de soin que l'intérieur des appartements; ces soins minutieux de propreté tournent au profit de la santé et font de la maison un délicieux séjour. L'anecdote suivante donnera une idée précise de l'exagération hollandaise dans les soins de propreté domestique.

L'empereur Charles-Quint, traversant un village de Hollande, témoigna le désir au notable du lieu de voir l'appartement de sa femme. Le Hollandais prie l'empereur d'attendre un instant et court aussitôt en demander la permission à sa femme. Celle-ci hésite un instant et finit par dire : « *Non, il ne voudrait pas se déchausser.* » Les Hollandaises portent le scrupule à garantir leur chambre particulière de tout ce qui pourrait la salir, au point de n'en permettre l'entrée qu'aux personnes qui, après s'être déchaussées à la porte, ont mis des sandales ; l'entrée avec des souliers ou des bottes est strictement interdite.

Les deux principales conditions de salubrité d'une habitation sont la propreté et le renouvellement fréquent d'air. L'air confiné ou non renouvelé est doublement pernicieux : d'abord, parce qu'il est chargé d'émanations méphitiques, ensuite par le défaut de mouvement dans ses molécules. L'habitation dans les lieux obscurs, où l'air n'est pas suffisamment renouvelé, prédispose à plusieurs affections graves : les scrofules, la phthisie, le désordre dans la ciculation, etc., et surtout le développement d'une graisse diffluente et de tous les fluides blancs.

Moyens de désinfection. — Lorsqu'un local est resté longtemps fermé, ou lorsqu'il est imprégné de mauvaise odeur, de miasmes, etc., le meilleur moyen pour le désinfecter et l'assainir est, en premier lieu, la ventilation, en second lieu, l'emploi du chlorure de chaux. Les expériences de MM. d'Arcet et Gauthier de Claubry démontrent que les chlorures de chaux et de soude *désinfectent* promptement l'air par les combinaisons suivantes : l'acide carbonique de l'air s'unit à la chaux, et celle-ci laisse dégager du chlore. Le chlore répandu dans l'air a la propriété de désorganiser, d'annihiler les miasmes.

17.

Les procédés de désinfection par le chlorure de chaux consistent tout simplement à mettre dans plusieurs assiettes quelques onces de chlorure de chaux sec, et de placer ces assiettes dans les angles du local. On peut aussi arroser le sol avec de l'eau chlorurée. L'emploi du chlorure de chaux est devenu presque général, comme moyen de désinfection; on s'en sert contre l'odeur des fosses d'aisances, celle des plombs, où s'écoulent les eaux ménagères; il désinfecte très bien les habits, les meubles, les vases, les cages, etc., et leur enlève toute odeur désagréable. Enfin, la médecine s'est emparée des chlorures et les fait servir avec succès contre un grand nombre d'affections. Voyez à ce sujet l'ouvrage sur les chlorures de M. Chevallier.

CHAPITRE XX

Les vêtements comprennent tous les tissus, toutes les substances que l'homme interpose entre la surface de son corps et le milieu dans lequel il vit. De même que l'habitation, le vêtement est un des moyens par lesquels nous nous garantissons des influences nuisibles du monde extérieur.

Les matières dont se composent nos vêtements sont végétales ou animales : parmi les premières figurent le chanvre, le lin, le coton, la paille, etc., et parmi les secondes, la soie, la laine, les plumes, le crin, les poils, les fourrures, etc. Ces matières jouissent de propriétés différentes, suivant qu'elles s'imprègnent plus ou moins d'humidité, et qu'elles sont *bons ou mauvais conducteurs du calorique.*

On appelle *bons conducteurs* les corps qui se laissent pénétrer facilement par le calorique et qui le cèdent avec la même facilité ; les *mauvais conducteurs* sont les corps qui se refusent plus ou moins à cette pénétration et à cette émission. En appliquant cette théorie aux vêtements, on saura que les étoffes qui se laissent pénétrer le plus difficilement par le calorique sont les plus chaudes, par la raison qu'elles le retiennent plus longtemps ; les fourrures, la laine, la soie, le coton, sont dans ce cas. — Les étoffes fabriquées avec le lin ou le chanvre seront au contraire très-fraîches, parce qu'elles cèdent le calorique aussi facilement qu'elles l'ont pris. D'où il résulte que les étoffes vestimentaires, de même que tous les corps en général, ont, à l'égard du calorique, un pouvoir absorbant et un pouvoir émissif ou de rayonnement.

Les vêtements doivent se trouver en rapport avec l'âge, le tempérament, le climat et la saison, c'est-à-dire chauds ou légers, amples, commodes, et ne causer aucune gêne dans les mouvements.

Pendant l'enfance et la jeunesse, la chaleur excentrique étant très-développée et la vitalité de la peau très-grande, les étoffes lourdes et chaudes ne conviennent nullement ; il est rationnel, d'ailleurs, d'habituer, dès le bas âge, les jeunes gens à résister aux intempéries. Quant aux saisons, comme il serait impossible d'opposer à chaque variation inattendue de l'atmosphère, soit au printemps, soit en automne, un vêtement préservateur, l'hygiène a posé en principe que l'époque de l'année la plus favorable pour prendre les habits d'été est celle où la chaleur se trouve à son maximum de stabilité, et qu'on doit les quitter, pour reprendre les habits d'hiver, lorsque le froid est arrivé pour désormais se maintenir.

La matière dont est composé le vêtement n'est pas la seule condition d'où dépend sa qualité chaude ou fraîche ; il faut encore tenir compte de sa texure, de sa couleur et de sa forme.

Texture. — Les tissus à trame lâche et poreuse,

qui contiennent de l'air dans leurs interstices, sont beaucoup plus chauds que les tissus de même matière, à trame serrée. Ainsi, une camisole, un gilet, un caleçon en laine, en mailles lâches, seront beaucoup plus chauds que ceux contenant une égale quantité de matière, mais d'un tissu plus compacte. La laine, le coton, cardés, dont on garnit les vêtements, retiennent parfaitement le calorique ; un matelas nouvellement cardé procure un degré de chaleur bien plus élevé que celui qui ne l'a pas été depuis longtemps. Voici l'explication physique de ce phénomène : l'air chaud étant très-mauvais conducteur du calorique a, par conséquent, un pouvoir émissif, ou rayonnement très-faible. Or, plus la quantité d'air échauffée par le corps humain et emprisonnée dans les mailles des vêtements sera grande, plus on éprouvera de chaleur, puisque l'air chaud rayonne très-peu ; et si les vêtements sont composés de matières animales, le rayonnement ou perte de chaleur sera encore moindre.

Couleur. — La couleur des vêtements, selon les saisons et le dégré de température, n'est pas une chose indifférente, puisque la couleur communique aux vêtements deux qualités particulières : la première est de changer, dans la matière dont ils sont composés, le pouvoir rayonnant ; la seconde est de leur donner la propriété de réfléchir ou d'éteindre plus ou moins les rayons de la lumière. — Les surfaces qui réfléchissent le plus les rayons de la lumière, comme les surfaces blanches, sont aussi celles qui réfléchissent le plus les rayons du calorique. — Les surfaces qui éteignent le plus la lumière,

comme les surfaces noires, sont également celles qui
absorbent le calorique en plus grande abondance.
Les couleurs intermédiaires absorbent et réfléchissent en raison de leurs nuances. Les conséquences
de ce fait, appliquées aux vêtements, sont absolument les mêmes.

Francklin expérimenta qu'un morceau de glace
fondait plus promptement sur un drap noir que sur
un drap blanc ; que la neige fondait plus vite sur un
terrain noir que sur un sol blanchâtre. — Le docteur Starck, de son côté, fit les expériences suivantes : il enveloppa de laine noire un thermomètre
très-sensible, et le thermomètre mit quatre minutes
trente secondes pour s'élever de dix degrés à vingt
et un degrés centigrades ; il fallut cinq minutes pour
arriver au même point avec la laine vert foncé ;
cinq minutes trente secondes avec la laine écarlate,
et, enfin, huit minutes avec la laine blanche. Il résulte de ces faits que la couleur noire est celle qui absorbe le plus de calorique, la couleur blanche celle
qui en absorbe le moins. Or, d'après ce principe, les
vêtements de couleur claire seraient moins chauds
que ceux de couleur foncée. Les chapeaux. les voiles,
les souliers, les robes et toutes les pièces de l'habillement devraient être blancs pendant l'été, et
noirs pendant l'hiver.

D'autres physiciens soutiennent l'opinion contraire et prétendent que les vêtements blancs sont
plus chauds que les noirs, par la raison que, si les
tissus blancs réfléchissent la chaleur atmosphérique
par leur surface externe, ils réfléchissent également,
par leur surface interne, la chaleur qui se dégage

du corps et la lui conservent au lieu de la transmettre au dehor.-, comme le feraient les étoffes noires. Cela est strictement vrai ; mais ces physiciens n'ont point fait attention que la somme de calorique réfléchie par la surface externe est plus considérable que la somme réfléchie par la surface interne, ce qui donne déjà une diminution notable. Ensuite, ils n'ont pas tenu compte de la texture extrêmement serrée des étoffes d'été, de l'ampleur du vêtement, qui permet à l'air de circuler autour des membres et d'emporter une certaine quantité de calorique, dont la perte procure une sensation de fraîcheur.

« — En résumé, dit le professeur Londe dans son *Traité d'hygiène*, lorsque, par une haute température, nous sommes exposés au soleil, nous devons considérer comme peu importante la concentration du calorique animal par le vêtement blanc, comparativement à l'égide qu'il nous offre en réfléchissant les rayons solaires : ce vêtement, dans cette circonstance, sera plus frais que le noir. »

A la couleur des corps se trouve encore attachée la propriété de modifier l'absorption des odeurs et des miasmes. Cette absorption par les surfaces des corps semble être soumise aux mêmes lois que celle du calorique. Ainsi, les vêtements noirs absorbent plus facilement les odeurs ; les blancs, au contraire, sont plus difficiles à s'en imprégner. Cette circonstance semblerait affirmer que les vêtements blancs, symboles de la pureté, de la propreté, sont, de tous, les plus favorables à la santé.

Forme — La forme des vêtements influe aussi sur leur aptitude à conserver la chaleur. Pendant

la saison chaude, il est rationnel de porter des vêtements large, afin que l'air puisse librement circuler
autour des membres : pour la raison contraire, les
vêtements étroits conviennent dans la saison froide.
Sous les différents climats de la terre on trouve l'application de ces principes : les Égyptiens, les Perses,
les Orientaux ont un vêtement national d'une ampleur remarquable ; les habitants des pays septentrionaux portent des vêtements étroits et collants.

Il est reconnu que les vêtements larges ne sont
jamais préjudiciables à la santé, tandis que les vêtements étroits peuvent quelquefois donner lieu à des
accidents fort graves, par la compression qu'ils exercent sur les parties ; c'est ce que nous verrons en
traitant chaque vêtement en particulier.

Chapeau. — Les anciens ne faisaient point usage
de chapeaux, ils vaquaient à leurs affaires la tête
protégée par leur chevelure ; ce n'était guère qu'en
voyage qu'ils se couvraient le chef d'un abri contre
le soleil ou la pluie. Le chapeau ne fut introduit
en France que sous le règne de Charles VIII ; avant
cette mode, les gens de guerre seulement portaient
le casque ou toute autre coiffure capable de protéger
la tête contre les chocs extérieurs. Soumis aux lois
de la mode, le chapeau éprouva de nombreuses modifications : on le vit tantôt large, tantôt étroit, d'autres fois d'une petitesse ou d'une hauteur démesu-
rées ; simple ou chargé d'or, d'argent, de soie, de
plumes et bariolé de divers ornements ; il devint un
objet de luxe, de coquetterie, et enfin une marque dis-
tinctive. Depuis le lampion écourté de l'élégant mar-
quis jusqu'au tricorne gigantesque de l'incroyable,

sous la République, il revêtit des formes plus ou
moins bizarres et extravagantes. Enfin, de toutes
ces formes, de toutes ces espèces de chapeaux, le
plus laid est resté ; le chapeau rond.

Le chapeau des femmes, quoique coquet, plus
léger et plus soumis aux caprices de la mode que
celui de l'homme, a eu ses formes bizarres, et dépasse très-souvent les limites du ridicule. Si l'on demande quels sont les avantages du chapeau, on lui
trouve d'abord un but d'utilité, celui de garantir la
tête des intempéries des saisons. Mais, alors sa composition et sa forme doivent être en rapport avec ce
but, c'est-à-dire que, pour protéger contre les ardeurs du soleil, il doit être léger, de couleur claire
et à larges bords ; pour préserver du chaud, il doit
être plus compacte, plus serré ; et d'un tissu imperméable pour garantir de la pluie. Je demande : à
quoi peut servir, par un brûlant soleil ou par une
pluie battante, un pauvre chapeau à bords si petits,
qu'à peine les doigts de celui qui le porte, peuvent
le saisir pour exécuter une salutation obligée ? Le
visage est littéralement grillé et le cou inondé. En
second lieu, si l'on considère le chapeau comme
objet de parure, d'ornement, il est nécessaire que
sa forme soit gracieuse, agréable aux yeux, et sa
dimension calculée sur la taille et la physionomie
de l'individu ; tandis que c'est le contraire ; le bon
goût se trouve presque toujours blessé. Ce sont des
chapeaux disproportionnés en hauteur, ressemblant
à un tuyau de poêle, ou des chapeaux si bas, que
l'individu en est écrasé. Aujourd'hui le fond du chapeau est évasé en pavillon de clarinette, demain il

18

s'allonge en cône ; un autre jour, le chapelier, qui est fort peu artiste en matière de beau, lui donnera des formes plus ou moins absurdes. C'est pourquoi les Orientaux, qui admiraient nos belles coiffures des siècles passés, se moquent de nos chapeaux d'aujourd'hui.

Mais cette digression nous a emporté loin du domaine de l'hygiène; hâtons-nous donc d'y revenir. Le chapeau ne doit, dans aucun cas, comprimer la tête : il en résulterait un engourdissement douloureux, et plus tard des névralgies, des vertiges. Les oreilles resteront hors du chapeau ; ceux qui les y font entrer aplatissent ces organes sur les os du crâne et leur font contracter une direction hideuse. Les chapeaux gris et blancs conviennent en été, les chapeaux noirs en hiver. Il est bon que l'intérieur soit garni d'un tissu blanc, et il serait hygiénique de pratiquer une ou plusieurs petites ouvertures latérales dans le corps du chapeau afin de laisser circuler l'air, et de lui donner la possibilité de se renouveler ; car si l'on garde longtemps son chapeau sur la tête, l'air qui y est contenu s'échauffe et peut occasionner des céphalalgies.

Les bonnets en tulle, gaze, dentelle, etc., sont pour les femmes une coiffure aussi légère qu'élégante ; le bon goût préside ordinairement à leur fabrication, et beaucoup de jolis minois deviennent encore plus agaçants sous un coquet bonnet de dentelles. Nous ne parlerons pas de ces bonnets d'effrayante dimension, en usage dans certaines provinces ; leur forme, aussi bizarre que burlesque, ne sert qu'à déparer une jolie tête. Peut-on voir, par exemple, quelque chose de plus gigantesque, de plus risible, que ces bonnets de Cauchoises ou ces coiffes normandes? Ce sont de véritables coiffures de carnaval.

Cravates. — Cols. — Ce fut, dit-on, vers le milieu du dix-septième siècle qu'un régiment de Croates introduisit en France la mode de la cravate. Si ce vêtement a l'avantage de préserver le cou du froid, il a l'énorme inconvénient de prédisposer cette région du corps à beaucoup de maladies ; aux maux de gorge, aux angines, aux irritations du larynx et de l'arrière-bouche. Le célèbre Percy rapporte qu'un régiment ayant quitté ses cols dans une halte, pour respirer plus à son aise, le lendemain trois cent soixante hommes entrèrent à l'hôpital ; presque tous atteints d'angine inflammatoire.

Lorsque la cravate est trop serrée, il y a gêne de la circulation ; et, si cette gêne se prolonge, des saignements de nez surviennent, quelquefois des vertiges et même l'apoplexie !

Les peuples qui conservent le cou nu sont exempts des maladies causées par la chaleur, la constriction et le frottement de la cravate ; les femmes et les enfants, qui, chez nous, ont le cou libre, sont moins sujets que les hommes aux maux de gorge. Il serait à désirer que la mode vînt de proscrire la cravate, la liberté et la santé du cou s'en trouveraient beaucoup mieux. Mais, en attendant ce jour, il est hygiénique de ne porter pour cravate que des tissus simples et légers, exempts de ces carcasses de carton, de poils de sanglier ou de baleine, qui tiennent le cou comme dans un carcan. On se gardera de trop serrer la cravate, de la quitter lorsque le cou

est en sueur; on devra en desserrer le nœud avant
de se livrer aux exercices du chant, de la déclamation, etc., et s'en débarrasser totalement lorsqu'on
voudra se livrer au sommeil.

Chemise. — La civillisation ancienne ne connut
point ce vêtement, tel qu'il est confectionné de nos
jours; aussi les bains étaient-ils d'une nécessité absolue pour nettoyer la surface de la peau souillée de
poussière et de sueur. Quelques-uns prétendent que
la chemise nous vient des Chinois, qui s'en servent
de temps immémorial; d'autres ne font monter son
origine qu'au neuvième siècle, et pensent qu'elle est
d'invention européenne. Quoi qu'il en soit, la chemise
est devenue indispensable, comme moyen de propreté, et pour protéger la peau du contact plus rude
des autres vêtements, qui, par leur frottement, y dé-
velopperaient des démangeaisons et de cuisantes rou-
geurs. La peau étant le grand émonctoire par lequel
sont expulsées les parties excrémentielles ou impu-
res de nos humeurs, il s'ensuit que la chemise en
est promptement imprégnée; c'est pour cela qu'il
devient urgent d'en changer le plus souvent possible. Du reste, une chemise sale est ce qu'il y a de
plus dégoûtant; une chemise blanche, au contraire,
fait plaisir à voir, et, chez celui qui la porte, elle est
un signe de propreté.

La chemise des hommes ne doit pas être trop serrée ni au cou, ni au poignet; la compression des
veines jugulaires surtout, peut amener de grands
accidents, tels que la compression du cerveau, l'apoplexie. Nous dirons, en passant, que l'usage de la
chemise a généralement fait négliger les bains de

corps. Les anciens abusaient du bain, et nous en usons trop rarement.

Depuis longtemps les esprits sont divisés sur la question de savoir laquelle des deux, de la chemise de coton ou de lin, est la plus favorable à la santé. Nous répondrons que, pour les personnes qui travaillent et transpirent facilement, celle de coton est préférable.

La chemise de toile de lin a l'inconvénient, lorsqu'elle est mouillée par la transpiration, de se sécher promptement, d'où il résulte une vive sensation de froid; ce refroidissement détermine assez souvent l'invasion brusque des maladies qui reconnaissent pour cause la transpiration arrêtée. La chemise de coton, au contraire, absorbe la sueur et ne sèche que très-lentement; d'où il s'ensuit que la peau n'éprouve aucune sensation de froid, ce qui veut dire, en d'autres termes, que le lin est bon conducteur du calorique, et que le coton en est mauvais conducteur.

L'hygiène recommande, comme règle essentielle, de changer de chemise avant de se mettre au lit. Les produits excrémentiels de la transpiration et des diverses émanations animales dont ce vêtement a été imprégné pendant le jour pourraient être résorbés par les vaisseaux absorbants de la peau et devenir une cause de maladie.

Gilet de flanelle. — L'application d'un vêtement de laine sur la peau, tel que le gilet, le caleçon, ou la ceinture de flanelle, produit une excitation accompagnée d'abord de démangeaison légère; la circulation capillaire est activée, et avec elle la transpiration. Le vêtement de laine, immédiatement appliqué sur la peau, a la propriété de développer de l'électricité par le frottement, ce qui augmente encore ses effets stimulants. Ces vêtements doivent donc être réservés pour les constitutions valétudinaires et dans les cas de convalescences où la peau, restée sèche, transpire difficilement. Le gilet de flanelle, les caleçons et la ceinture de laine. sont une précieuse ressource pour les personnes sujettes aux refroidissements, aux rhumes, aux névralgies, etc. ; mais il faut les employer sobrement, c'est-à-dire n'en faire usage que comme moyen thérapeutique, et les abandonner aussitôt que la maladie est entièrement dissipée. L'adoption d'un gilet de flanelle, sans nécessité, ainsi que le font beaucoup de jeunes gens, offre de grands inconvénients, en les privant d'une excellente ressource pour plus tard. On est en droit de dire, avec beaucoup de raison, que l'habitude du gilet de flanelle une fois consacrée, il est difficile et souvent imprudent d'y renoncer ; il faut subir le joug qu'on s'est imposé, ou du moins ne le quitter qu'avec les plus grandes précautions et à l'époque de l'année où la haute température de l'air est reconnue stable.

D'après les sages principes de l'hygiène, ce n'est que vers l'âge de quarante-cinq à cinquante ans, alors que la peau a perdu de sa vitalité, que son tissu s'est resserré, que l'activité concentrique s'est développée aux dépens de l'activité excentrique: ce n'est qu'à cet âge seulement que l'usage du vêtement de laine sur la peau doit être définitivement adopté, parce qu'alors il agit comme préservatif des dérangements de transpiration qui sont une cause fréquente des maladies de l'âge de retour.

Les vêtements de laine et de coton, en contact immédiat avec la peau, s'imprègnent promptement des émanations cutanées ; ils doivent par conséquent être changés le plus souvent possible, car les matières de la transpiration s'altèrent, se corrompent et peuvent exercer sur la peau et même sur la santé générale une fâcheuse influence. (Voyez, dans notre *Hygiène médicale du visage et de la peau*, l'analyse chimique des substances animales dont un gilet de flanelle était imprégné.)

Règle générale. Les gilets, caleçons, bonnets et bas de laine, doivent être proscrits des habillements de la jeunesse, hormis les cas exceptionnels indiqués plus haut. Les parents éclairés ont compris, dans ce qui vient d'être dit, les inconvénients qu'entraîne leur usage. La vraie éducation hygiénique des enfants est de les habituer graduellement aux variations atmosphériques. Cette éducation, qui commence à se généraliser en France, est le meilleur préservatif contre les dérangements de santé causés par les variations de température et l'intempérie des saisons.

Le **Corset** est un vêtement dont les femmes pourraient se passer; nous en avons décrit les inconvénients et dangers dans notre *Hygiène de la poitrine et de la taille*. Nous y renvoyons le lecteur.

Les corsets sont généralement fabriqués par des ouvrières n'ayant aucune idée de la structure anatomique de la poitrine; leur but, en fabriquant, est de produire un vêtement qui embrasse étroitement la taille et la fasse paraître fine : que leur importe que

la personne qui le portera devienne contrefaite, poi-
trinaire ou phthisique? Le corset inflexible à busc,
à lames d'acier, devrait être à tout jamais rejeté
comme très-dangereux; et, puisque la mode despo-
tique impose ce vêtement, les mères raisonnables
devraient faire fabriquer pour leurs filles des *corsets hygiéniques* sur lesquels voici quelques détails.

Le corset hygiénique doit être exempt de tout
corps dur, résistant, capable d'exercer une compression toujours dangereuse au développement, aux
fonctions et à la beauté des organes mammaires. Il
sera fait d'un tissu élastique ayant la propriété de se
mouler sur la taille; d'exercer une pression douce,
uniforme, sur toute la surface du buste; de se prêter aux mouvements inspirateurs du poumon et à
tous les autres mouvements du corps sans jamais
leur opposer la moindre résistance. — Pour les personnes grasses, le but du corset est uniquement de
maintenir le surcroît de formes tendant à se développer outre mesure, et de contenir la proéminence
abdominale. Le corset qui remplira ces conditions
méritera le nom de *corset hygiénique*, et devra être
adopté de toutes les femmes.

Pantalons, caleçons, bretelles. — Un pantalon hygiéniquement taillé ne dépasse point le creux
de l'estomac, et n'exerce aucune compression sur le
ventre. Les pantalons demi-collants sont très-bons
pour l'hiver, parce que l'air ne peut s'introduire par
le bas. — Le pantalon d'été doit être plus large pour
être plus frais. Les bretelles sont destinées à soutenir le pantalon, sans avoir besoin de serrer la ceinture. De même que le pantalon, le caleçon ne devra

comprimer ni le ventre, ni la ceinture, ni le bas des jambes ; il s'attachera au pantalon au moyen de liens ou de boutonnières. Le caleçon contribue à la propreté du corps et demande à être changé assez fréquemment.

Ceinture. — Dans beaucoup de pays la ceinture fait partie de l'habillement ; elle doit être large, souple, élastique, afin de se prêter sans effort à tous les mouvements du corps. Dans les exercices d'action, comme le saut, la course, l'escrime, l'équitation, etc., une ceinture bien faite et convenablement appliquée soutient les viscères abdominaux et s'oppose aux violentes secousses qu'ils pourraient éprouver. Les ceintures étroites ont l'inconvénient de prédisposer les jambes aux varices, et de favoriser la production des hernies inguinales.

Habits , vestes , manteaux , gilets , robes , par-dessus, châles, etc. — Tous ces vêtements ne doivent comprimer ni la poitrine, ni la ceinture, ni les bras, ni les articulations, sous peine de gêner la circulation et de donner lieu à divers accidents. Les habits, robes et gilets trop étroits de la poitrine, ou trop serrés à la ceinture, offrent tous les inconvénients du corset. — Les manteaux servent à abriter du froid et de la pluie ; mais, on a fait la remarque, en général, que les personnes qui en faisaient usage étaient plus sujettes aux maux de gorge, aux rhumes et aux enchifrènements que les autres. Cela s'explique par l'état permanent de moiteur dans lequel se trouve le corps sous le manteau. Lorsqu'on rentre au logis ou dans une maison quelconque, on se débarrasse du manteau ; et il arrive alors, si la température de l'appartement n'est pas au degré convenable, que la transpiration s'arrête, le corps se refroidit et la maladie vous frappe. Une bonne redingote, bien garnie ou ouatée, est préférable à tous les manteaux pour garantir du froid. Les châles et par-dessus remplissent le même but que les manteaux, et offrent les mêmes inconvénients lorsqu'on les quitte.

Bas, chaussettes. — Les bas, d'invention moderne, garantissent la jambe et le pied du contact de l'air et de la poussière; ils absorbent en outre la transpiration du pied, qui salirait la chaussure. Selon la saison, on porte des bas de soie, de laine, de coton ou de lin : les premiers sont chauds, surtout ceux de laine; les bas de lin sont frais et très-bons pour l'été. Les personnes qui suent doivent apporter le plus grand soin à leur chaussure, et changer de bas chaque jour et même plusieurs fois dans la même journée; par là, elles éviteront les inconvénients attachés à cette infirmité.

Bottes, bottines, souliers, etc. — La chaussure est une des parties indispensables du vêtement; elle protége le pied de l'humidité, du froid ou de la chaleur du sol, et des corps piquants ou tranchants qui pourraient le blesser. Depuis la lourde botte du postillon jusqu'à l'escarpin léger du danseur; depuis le socque élégant de la citadine jusqu'à l'informe sabot de la paysanne, il existe une grande variété de chaussures : les unes sont faites pour affronter la neige et la boue des hivers, les autres pour se promener sur le luisant parquet des appartements; il y en a pour supporter de longues marches, et d'autres pour ne pas dépasser le seuil de la maison.

On a dit, avec raison, que le pied était la partie du corps sur laquelle la mode dirigeait le plus souvent ses tortures. En effet, rien de plus variable que la forme de la botte ou du soulier, tantôt la pointe en est étroite, pointue ; tantôt carrée et démesurément large ; aujourd'hui les talons sont très-élevés, demain ils sont tout à fait plats, etc. L'intermédiaire entre ces extrêmes nous paraît le meilleur.

La botte et la bottine l'emportent sur le soulier, en ce qu'elles prennent exactement le pied, le soutiennent et l'empêchent de tourner ; le soulier est plus facile à chausser, mais il est moins agréable à l'œil et peut-être moins habillé.

On a essayé, il y a quelques années, d'introduire la mode des souliers recouverts d'une demi-guêtre ; beaucoup d'élégants s'empressèrent de l'adopter et ne tardèrent pas à l'abandonner. Le pied, ainsi chaussé n'a plus la forme attrayante qu'on recherche ; ensuite, pour peu que la guêtre soit serrée, il en résulte de la gêne dans la circulation locale. D'un autre côté, le dessous de pied retient la boue et les immondices sur lesquels on a pu marcher par inadvertance ; enfin, on passe un temps plus ou moins long à boutonner la guêtre, soit en se servant d'un tire-bouton, soit en se fatiguant les doigts.

Les bottines en velours, ou en drap de diverses couleurs, vont très-bien aux dames, et remplissent les conditions voulues par la saison d'hiver ; les bottines d'étoffes légères conviennent parfaitement dans la belle saison. Les hommes, moins conséquents, ont adopté la botte en cuir pour toutes les saisons. Cependant, la botte en coutil eût été bien préférable à l'époque des chaleurs ; le pied se gonfle, emprisonné dans le cuir, il s'échauffe, transpire, et exhale une mauvaise odeur, si l'on ne change pas fréquemment de bas ou de chaussettes. — L'hiver, et particulièrement dans les climats pluvieux, la chaussure demande à être à l'épreuve de l'humidité ; car le froid et l'humidité des pieds sont une cause très-fréquente de maladies. On a proposé, pour rendre la chaussure imperméable, la recette ci-après :

Huile siccative. , . . .	1,000	grammes.
Essence de térébenthine .	60	—
Poix de Bourgogne . . .	30	—
Cire jaune	60	—

Faites fondre au bain-marie, et, pour masquer l'odeur, ajoutez :

Huile essentielle de bergamote ou de citron.   15 gr.

On trempe une brosse molle dans cette liqueur et l'on frotte la chaussure ; après l'avoir laissée sécher, on recommence de nouveau, et l'on continue ainsi tous les jours, jusqu'à ce que le cuir soit saturé.

Un moyen meilleur que celui-ci est de faire usage de chaussures à doubles semelles, dont l'une est en liége ou en caoutchouc ; ou, encore, de porter des socques, qui isolent parfaitement le pied du sol. Ces précautions éviteront bien des rhumes et autres affections, aux personnes qui y sont prédisposées. Les bottes imperméables et à doubles semelles sont très-utiles aux hommes que leurs occupations forcent à marcher par le mauvais temps. Après une

course assez longue sur un sol humide, si l'on vient
à se reposer avec des chaussures imbibées d'eau, le
pied, échauffé par la marche, se refroidit peu à peu,
et il en résulte presque toujours un dérangement
dans la santé. Avec des socques ou des bottes imperméables, on pare à ce grave inconvénient.

Le cuir de l'empeigne et des tiges doit être souple
et moelleux, afin de se prêter en tous sens et de
n'exercer aucun frottement. Plus le cuir de la se-
melle est battu, moins il est perméable à l'eau et plus
il est de longue durée. La chaussure en cuir verni,
adoptée par le monde élégant, a l'inconvénient de
manquer de souplesse et d'exercer une compression
qui finit par devenir douloureuse. Enfin, pour se
mouler exactement au pied, la chaussure doit être
fabriquée sur deux formes, c'est-à-dire une pour le
pied gauche, l'autre pour le pied droit. Le côté interne du pied diffère trop du côté externe, pour que
l'on puisse être à l'aise et bien chaussé. avec une
chaussure faite sur une même forme, dans l'intention de la changer alternativement de pied.

BAINS, ABLUTIONS, LAVAGES, FRICTIONS, MASSAGE, ETC.

La surface de la peau étant sans cesse souillée par
les humeurs excrémentitielles qu'éliminent les vaisseaux exhalants, et par les molécules ténues des
corps extérieurs, il devient rigoureusement néces--
saire de la nettoyer aussi souvent que le cas l'exige.
Les ablutions, lavages et bains, ont cela de salutaire,
qu'en nettoyant la peau ils entretiennent, dans leur
liberté d'action, les innombrables pores dont la

peau est criblée; ils entretiennent aussi la circulation capillaire du derme, conservent et développent sa faculté tactile.

L'humeur transpiratoire laisse sur la peau un enduit composé de matières animales et salines qu'elle tient en disolution; cet enduit, s'il n'était enlevé par des bains ou des lavages, s'épaissirait et finirait par boucher les pores sur de grandes surfaces; alors naîtraient des affections de peau, et quelquefois de graves désordres dans la santé. Or, les bains, demi-bains, ablutions et lavages des diverses régions du corps, sont indispensables à la propreté de l'organe cutané et au libre exercice de ses fonctions.

Les frictions, le massage, et quelquefois le brossage de la peau, deviennent nécessaires pour nettoyer complétement certaines peaux huileuses sur lesquelles l'eau glisserait, sans rien enlever des impuretés qui les recouvrent. Les effets des frictions et du massage ne se bornent pas seulement au nettoyage de la peau, ils retentissent encore, par sympathie, sur les organes intérieurs, et augmentent leur énergie vitale en donnant une plus vive impulsion à la circulation générale.

Les plus éminents thérapeutistes et médecins de toutes les nations, recommandent les frictions et le massage comme un excellent moyen hygiénique et prophylactique. Nous ne saurions trop en préconiser l'usage aux gens du monde, surtout à ceux qui mènent une vie sédentaire.

Nous bornons là ce que nous désirions dire sur les bains. Le lecteur curieux trouvera, dans notre *Hygiène des baigneurs*, tout ce qu'il peut désirer sur l'histoire des bains en général, et, en particulier, sur les effets physiologiques et médicaux de telle ou telle espèce de bain , enfin, sur tout ce qui regarde la question balnéographique.

Comme moyen de propreté et de nettoyage complet de la peau, nous recommandons la *pâte calli-dermique*, de beaucoup supérieure aux meilleurs savons pour la toilette de l'organe cutané. Cette pâte, non-seulement, nettoie la peau de toutes les impuretés incrustées à sa surface, mais elle lui fait acquérir encore une souplesse et une douceur inappréciables. (*Se trouve à la parfumerie* PINAUD-MEYER, rue Saint-Martin, n° 298.)

CHAPITRE XXI

DE QUELQUES VICES INTERNES QUI ALTÈRENT ET DÉGRADENT LA FORME HUMAINE

Rachitisme, Scrofules, Chlorose ou pâles couleurs, Goître, etc.

C'est ordinairement à la suite d'une altération des fluides ou des solides de l'économie humaine que se développent les affections rachitiques, scrofuleuses, chlorotiques, syphilitiques, etc., affections qui attaquent et corrompent les sources de la vie. Quoique ces graves maladies, strictement du ressort de la haute médecine, ne dussent point trouver place dans un ouvrage comme celui-ci, nous avons pensé qu'il était utile de les signaler pour instruire nos lecteurs, et leur faire comprendre combien elles détériorent la constitution, dégradent les formes et abâtardissent l'espèce humaine; combien il est urgent de les combattre, dès leur apparition ; enfin, combien il est important pour les familles, le pays et la race, de régénérer de bonne heure, par le régime alimentaire, par les bains froids et la gymnastique, tous les êtres chlorotiques, scrofuleux ou rachitiques : car, si on les laisse grandir et se marier, sans détruire en eux le germe de ces funestes maladies , ils le transmettront infailliblement à leur progéniture.

Dans les premiers temps de la vie, c'est le mode d'alimentation qui décide de la bonne ou de la mauvaise conformation du squelette de l'enfant. Les observations du docteur Pravaz et les curieuses expériences du docteur Guérin ont démontré que les déformations osseuses étaient, ordinairement, le résultat d'une alimentation mal combinée avec les forces digestvies de l'enfant, et qu'on pouvait produire artificiellement le rachitisme, soit en privant de lait un jeune animal ; soit en continuant l'allaitement au delà de l'époque marquée par la nature ; soit, enfin, en lui donnant après le sevrage des aliments qui ne conviennent ni à son âge ni à ses organes. Du reste, les médecins éclairés ont, depuis longtemps, fait ressortir les dangers de l'allaitement mixte, dans lequel les nourrices suppléent à l'insuffisance de leur lait, par des bouillies ou autres aliments analogues.

RACHITISME

Ce mot qui, dans le principe, avait été donné aux déviations du *rachis* ou colonne vertébrale, s'applique aujourd'hui, par extension, au ramollissement des os en général ; ce ramollissement dépend d'un vice dans leur formation primitive. Deux théories existent à ce sujet : l'une fait dépendre le rachitisme du défaut d'équilibre entre la sécrétion du phosphate calcaire et son absorption ; l'autre, de la fonction insuffisante des vaisseaux, qui n'apportent pas la quantité voulue de phosphate de chaux pour donner aux os le degré de solidité convenable. En d'autres termes ; ou les vaisseaux assimilateurs ne trouvent pas assez de phosphate de chaux dans le sang, ou ils exécutent mal leurs fonctions.

Dans ces deux cas, le traitement du rachitisme repose sur les mêmes bases : augmenter, par une alimentation spéciale, la formation du phosphate de chaux et en favoriser l'assimilation.

Ainsi, le rachitisme attaque le système osseux dans ses principes, il en désunit les molécules constituantes, les ramollit, et sape la base sur laquelle repose l'édifice humain. La direction des lignes, la dimension des parties et des formes du corps se trouvent alors plus ou moins altérées. Cette affreuse maladie, dont les effets sont aussi funestes à la santé qu'à la beauté, se développe ordinairement pendant l'enfance, et se reconnait, plus tard, aux symptômes suivants : — Dentition difficile et de mauvaise venue ; maigreur et faiblesse générale, peau terne, face bouffie, tête grosse, ventre développé, intelligence précoce, etc. Bientôt les côtes s'aplatissent, la poitrine se décharne, le sternum fait saillie, la colonne vertébrale s'incurve, se dévie : les os des jambes, ramollis, ne peuvent plus supporter le poids du corps ; le rachitique marche, de plus en plus, avec difficulté, et finit par ne plus pouvoir exécuter les mouvements de progression. Cette maladie, pour laquelle il y a nécessité absolue de consulter le médecin, peut être combattue, avec succès, par les aliments qui contiennent beaucoup de phosphate de chaux ; par l'hygiène et la gymnastique médicale. Les ferrugineux, le quinquina, le phosphate de fer, les bains froids, et surtout les bains de mer, rendus plus efficaces par l'exercice de la natation, ont obtenu d'excellents résultats. Mais, ce n'est que par de constants efforts, dans l'emploi de ces moyens, et au bout d'un temps plus au moins long, qu'on arrive à un bon résultat. Malheureusement, la longueur du traitement, les soins minutieux et sans cesse continués, qu'exigent les enfants rachitiques, fatiguent presque toujours leurs parents, qui finissent par les négliger; c'est à cette négligence blâmable qu'on doit attribuer le grand nombre d'êtres contrefaits et infirmes qui pullulent dans les cités populeuses, et que l'hygiène, unie à la gymnastique médicale, aurait infailliblement redressés et guéris.

Ce que nous venons de dire sur le traitement général du rachitisme, n'est qu'une simple exhortation aux parents qui ont, dans leur famille, des enfants affectés de ce vice, de consulter, de bonne heure, un médecin éclairé. Au chapitre *Orthopédie* de cet ouvrage, on lira les remercîments votés par l'Académie de médecine à M. Jules Guérin, pour les beaux résultats de son traitement des déviations et déformations du système osseux. On verra aussi, au chapitre *Gymnastique médicale*, l'exposé de la méthode curative du docteur Pravaz; ainsi que les succès obtenus dans les gymnases Clias et Pinette.

SCROFULES, ÉCROUELLES

Le nom de *scrofules* a été donné à ce vice général de l'organisation causé et entretenu par une sécrétion trop considérable de la lymphe, d'où résulte l'hypertrophie ou développement morbide des vaisseaux et ganglions lymphatiques.

Le mot *écrouelles* désigne la tuméfaction indolente des glandes lymphatiques du cou; cette tuméfaction se termine ordinairement par des abcès qui laissent à la peau des cicatrices désagréables, de hideuses coutures. Le vice scrofuleux, presque toujours héréditaire, a une influence directe sur la dégradation de l'espèce; on ne saurait donc trop s'appliquer à le combattre, soit dans les père et mère qui en sont affectés, soit dans leurs enfants qui en portent le germe.

La constitution scrofuleuse semble être la maladie dominante des temps modernes; elle a fait d'immenses progrès depuis que les grandes villes se sont multipliées et que les habitations, construites par des *propriétaires loueurs*, sont divisées en de nombreux locaux, petits, étroits, n'offrant par la quantité d'air exigée par l'hygiène, pour la consommation pulmonaire. Cet état des locaux doit nécessairement porter atteinte à la santé individuelle et influer directement sur la population des cités, qui est, en effet, moins vigoureuse que celle des campagnes. L'autorité devrait défendre ce genre de spéculation.

Les signes les plus saillants de la prédisposition aux scrofules sont une peau lisse et blanche; les joues d'un rose assez vif, tranchant avec la pâleur des lèvres; la face pleine, les yeux bleus, les cheveux blonds ou châtain clair, le ventre proéminent, les chairs molles, une grande nonchalance dans les mouvements, enfin, le tempérament archi-lymphatique.

Diverses opinions ont été émises sur la cause des scrofules ; la plus généralement admise est celle qui les attribue à une sécrétion exubérante de la lymphe, et à l'engorgement des vaisseaux et ganglions lymphatiques. Voici ce que dit, à ce sujet, le professeur Richerand : « L'action des causes débilitantes, portée sur le système lymphatique, affecte surtout les glandes ; les vaisseaux qui entrent dans leur structure languissent ou cessent tout à fait d'agir ; les sucs qui arrivent continuellement s'accumulent ; la partie la plus fluide traverse seule l'organe glanduleux ; les particules les plus grossières y restent ; la lymphe, ainsi arrêtée et épaissie, forme des engorgements de toute espèce. »

Ainsi donc, les scrofules sont le résultat de l'atonie des vaisseaux capillaires périphériques ; et la cause de cette atonie, lorsqu'elle n'est pas héréditaire, se trouve dans l'absence des excitants physiques, tels que l'air pur, la lumière, la chaleur, l'électricité. Dès que les fonctions cutanées ne se font plus avec assez d'énergie, les diverses humeurs qui auraient dû s'échapper par les vaisseaux exhalants, ne trouvant point d'issue, se refoulent dans les vaisseaux lymphatiques ou dans les veines ; et comme ces humeurs sont impropres au corps puisque la nature cherchait à les expulser, il arrive nécessairement que les vaisseaux et ganglions lymphatiques s'en trouvent gorgés, deviennent douloureux et quelquefois s'abcèdent.

Quoique le vice scrofuleux n'ait besoin que de la disposition constitutionnelle ou héréditaire, pour se manifester, il est cependant des circonstances topographiques et alimentaires qui augmentent cette disposition et provoquent le développement des scrofules, que des circonstances opposées et surtout l'âge de puberté aurait empêché. Les localités froides et humides; l'usage des végétaux farineux, des boissons tièdes, peu ou point stimulantes, les mets indigestes, etc., sont autant de causes qui peuvent favoriser les engorgements des glandes lymphatiques.

Le traitement préservatif de l'affection scrofuleuse, ou du moins le régime qui modifie puissamment l'organisation, se trouve dans l'éloignement des causes que nous venons d'indiquer; dans le choix d'aliments d'une digestion facile, et chargés de principes stimulants; dans l'emploi de remèdes propres à relever l'action des organes et à diminuer la sécrétion lymphatique. Les préparations ferrugineuses et de quinquina, sous toutes les formes, conviennent parfaitement dans ce cas, pour fortifier l'organisation et enrichir le sang; les bains froids, les frictions, le massage, et surtout les exercices gymnastiques appropriés à l'âge et à la force de la personne, sont des moyens hygiéniques souvent couronnés d'un plein succès.

Nous transcrirons ici la formule d'une potion regardée comme très-efficace dans la maladie qui nous occupe.

> Iodure de potassium. . . . 4 grammes.
> Iode. . . . . 15 . .
> Eau de fontaine . . . . . 320 —
> Une cuillerée à soupe matin et soir, pendant des mois entiers.

L'*iodure de fer*, préconisé par plusieurs savants

praticiens, aurait l'avantage sur la formule précédente, et détruirait plus facilement la diathèse scrofuleuse.

Lorsque la tuméfaction écrouelleuse n'a point
cédé aux résolutifs ou aux fondants, et qu'elle est
arrivée au point de faire pressentir une suppuration
prochaine, il faut, pour rendre la guérison moins
longue et la cicatrice moins désagréable, percer la
tumeur avant que la peau qui la recouvre ne soit
trop amincie ; alors, il arrive que la glande se vide
peu à peu par la petite ouverture faite avec la lancette
et la cicatrice est beaucoup moins apparente. Au
contraire, lorsque la suppuration est abandonnée à
elle-même, il en résulte, après la guérison d'af-
freuses cicatrices qui dégoûtent et font mal à voir.

ALTÉRATIONS DU SANG

Le sang, cette chair liquide, ce principe de toute
nutrition organique, de tout accroissement, peut
subir de funestes altérations ou modifications dans
la composition chimique. Les altérations du sang,
ou sont héréditaires, ou sont acquises : dans le
premier cas, on conçoit que les père et mère qui
ont un sang vicié ne sauraient donner à l'enfant
qu'ils procréent un sang pur ; dans le second cas,
les altérations du sang peuvent dépendre d'une
mauvaise alimentation, de la respiration d'un air
vicié, comme celui des salles de théâtres, de bals,
de concerts, de l'abus des végétaux aqueux, du défaut d'exercices physiques, des veilles et fatigues
prolongées, d'une assimilation languissante, de

l'introduction dans l'économie d'un virus quelconque, etc., etc. Nous ne saurions faire ici la
description des diverses causes qui peuvent altérer
le sang : ce sont des questions de haute médecine.
Nous nous bornerons à mettre sous les yeux du
lecteur la composition du sang humain, en état de
santé, d'après les analyses chimiques les plus ré-
centes ; et à lui indiquer, d'une manière générale,
comment ont lieu quelques unes de ses altérations
les plus fréquentes.

COMPOSITION DU SANG HUMAIN

Mille grammes de sang donnent les quantités suivantes :

Fibrine.	3	grammes.
Hématosine	2	—
Albumine liquide	68	—
Globules du sang formés d'hé-
matosine et d'albumine so-
lides.	125	—
Sels solubles divers.	12	—
Eau.	790	—

Le sang est un liquide très-complexe, surtout le
sang veineux ; les six éléments que nous venons d'indiquer, étant repris par l'analyse chimique, sont décomposés en vingt-six substances :

Oxygène ; nitrogène et acide carbonique libres ;
fer ; chlorures de potasse et de soude ; chlorhydrate
d'ammoniaque ; sulfate de potasse ; sous-carbonates
de soude, de chaux et de magnésie ; phosphates de
chaux et de magnésie ; lactate de soude ; substance
savonneuse, à base de soude, formée par les acides

oléique et margarique ; sel acide gras volatil et odo-
rant ; matière grasse phosphorée analogue à celle du
cerveau ; cholestérine ; séroline ; fibrine ; albumine ;
matière colorante jaune ; matière colorante rouge,
qui est l'hématine ou hématosine ; une quantité considérable d'eau ; enfin, des matières extractives.

Telle est la composition chimique du sang veineux. Le lecteur ne sera plus étonné de cette com-
plexité s'il réfléchit que le sang étant le générateur
de tous les organes et tissus du corps, il faut nécessairement qu'il contienne, à l'état de combinaison,
tous les éléments dont sont formés les organes et
tissus de l'économie humaine.

Lorsqu'un ou plusieurs des éléments du sang se
trouvent altérés, augmentés ou diminués, le sang
cesse d'avoir sa qualité normale. Il y a des sangs
trop riches, ceux où la fibrine est en excès ; il y a des
sangs *pauvres*, ceux où l'eau domine ; il y a des sangs
altérés, ceux qui sont infectés d'un virus. Ces trois
états anormaux du sang donnent naissance à une
foule de maladies dont, bien souvent, on ignore la
vraie cause.

Le sang trop riche prédispose aux maladies inflammatoires, aux congestions, aux apoplexies. — Le
sang aqueux, pauvre, ne fournit pas assez de principes nutritifs aux organes ; les tissus sont flasques,
la peau est décolorée, la constitution entière tombe
dans un état de faiblesse et de langueur, qui indique l'insuffisance des sucs réparateurs. L'oxygéna-
tion du sang étant indispensable à la vie, le cœur précipite ses battements, pour suppléer, par la quantité, à la qualité du sang qu'il envoie aux poumons ;

alors, se manifestent des palpitations et des phénomènes nerveux, chez les personnes chlorotiques et
leucorrhéiques dont le sang est aqueux et appauvri.

L'art médical connaît les moyens de combattre
victorieusement les altérations du sang, mais il faut
encore que l'hygiène vienne à son secours ; car l'air,
l'alimentation et les exercices physiques, sont les
auxiliaires indispensables du traitement médical.
Dans l'article suivant, nous indiquerons les principaux moyens de régénération du sang, et le régime
alimentaire à suivre.

DE LA CHLOROSE OU PALES COULEURS

Cette triste affection, que tous les médecins con-
sidèrent comme ayant sa cause dans l'appauvrissement du sang ou la diminution de ses globules,
donne au visage du sujet qui en est atteint, une couleur de cire blanche, jaunie par le temps, et d'autres
fois une teinte plus ou moins verdâtre. Mais, l'appauvrissement du sang n'est qu'un symptôme ; où
se trouve donc la cause de cet appauvrissement ?
M. Dupuis, d'Alfort, qui a fait une série d'expériences
fort curieuses, sur l'influence immédiate qu'exerce
le système nerveux sur la formation du sang, assure
qu'une altération quelconque des nerfs pneumogas-
trique et grand sympathique donne toujours lieu à
une altération apparente du sang. Ainsi, dès que ces
nerfs sont affectés, la sanguification cesse d'être normale ; la quantité de fibrine et de matière colorante
diminue sensiblement, tandis que la quantité de sérosité augmente, chez l'homme et chez la femme,

car la chlorose est commune aux deux sexes. Alors tous les tissus pâlissent, les chairs sont flasques, la pupille se dilate, des éblouissements surviennent; il y a perte de forces et grande nonchalance dans les mouvements; quelquefois le jeune homme chancelle, et chez la jeune fille les règles se suppriment ou deviennent difficiles; le plus souvent la chlorose amène des troubles utérins qui s'annoncent par des écoulements blancs, dont l'abondance jette la femme dans un état de faiblesse qu'il devient urgent de combattre immédiatement; dans ce cas les médecins recommandent-ils, d'un commun accord, l'usage des ferrugineux, un régime tonique et fortifiant, dont l'auxiliaire indispensable est l'air pur de la campagne.

Le sujet chlorotique sera d'abord distrait de ses occupations sédentaires, pour être lancé dans une vie plus active. Son régime alimentaire, très-substantiel, se composera de viandes rôties, de consommés, de vins de Bordeaux, de Bourgogne, etc.; viendront ensuite les bains froids, pour activer les forces digestives et nutritives; les voyages, les parties de campagne, les exercices physiques, la gymnastique, etc.; mais l'agent principal du traitement est le fer, qui combat l'appauvrissement du sang en régénérant ses globules.

Les avis des médecins sont partagés sur le mode d'appauvrissement du sang dans la chlorose : les uns pensent qu'il est dû à la diminution du nombre des globules; les autres prétendent que le nombre reste le même, seulement que chaque globule a diminué de grosseur. Mais, dans l'un comme dans l'autre cas le traitement est le même : alimentation riche en fibrine, exercice au grand air, boissons toniques, préparations martiales ou ferrugineuses ; enfin, tout ce qui peut réveiller la vitalité languissante et réconforter l'organisation.

La meilleure manière d'administrer le fer est à l'état de sous-carbonate mêlé à du sirop, du vin, des confitures, du chocolat, etc., ou encore sous forme de pilules et de pastilles.

La préparation ferrugineuse suivante est, dit-on, réputée comme une des meilleures.

PILULES RÉGÉNÉRANT LES GLOBULES

Sulfate de fer.	15 grammes.
Sous-carbonate de potasse .	15 —

Réduisez en poudre ces deux substances, séparément ; puis opérez exactement le mélange avec addition de miel et de sucre, pour empêcher que le fer, à l'état protocarbonate, qui est très-soluble, et, par conséquent, très absorbable, ne passe à l'état de peroxyde, qui est très-peu absorbable. Broyez de nouveau et faites une masse que vous diviserez en quarante-huit bols ou pilules.

On administre une pilule matin et soir, et l'on augmente graduellement, chaque jour, jusqu'à dose de trois pilules le matin et trois le soir.

Nous ajouterons que cette préparation n'est point la seule dont on puisse faire usage, et qu'on peut la remplacer avantageusement par le lactate de fer, ou le citrate de fer, d'un goût plus agréable ; mais surtout par l'iodure de fer, qui, dans les affections chlorotiques et leucorrhéiques, obtient, en peu de temps, d'heureux résultats.

Sous l'influence du traitement ferrugineux et d'une alimentation substantielle, le sang du chlorotique s'enrichit, son visage se colore, ses yeux perdent leur expression de langueur, ses forces renaissent, les phénomènes nerveux s'évanouissent, la respiration redevient libre, l'appétit se fait plus vivement sentir, les fonctions digestives et assimilatrices ont retrouvé leur première énergie; enfin, la tristesse se dissipe, et bientôt l'activité, la gaieté, annoncent un complet retour à la santé.

Nous dirons, en terminant, que lorsque la chlorose est déterminée, chez la jeune fille, par les chagrins d'un amour contrarié, ou par le brûlant désir du mariage, les parents n'ont pas à balancer s'ils veulent sauver leur enfant; le seul remède est de la marier à celui qu'elle aime.

LEUCORRHÉE, FLUEURS BLANCHES

Beaucoup de médecins pensent, avec raison, que cette affection dépend d'une altération du sang; et la cause de cette altération se trouve, sans doute, dans une affection nerveuse. Dès que le sang, ainsi altéré, cesse d'apporter à la membrane muqueuse vulvo-utérine les atomes d'un sang normal, cette membrane s'altère peu à peu, dénature ses sécrétions, et livre passage à un fluide blanchâtre ou verdâtre, plus ou moins abondant, auquel on a donné le nom de flueurs blanches.

Les flueurs blanches sont si communes dans les

grandes villes et surtout à Paris, disait un grand praticien, qu'il est permis de croire que les trois quarts des femmes en sont affligées.

Beaucoup de personnes pensent que les flueurs blanches ne sont point une maladie ; mais qu'elles se détrompent. Ces pertes se lient ordinairement à un état de débilité générale, et un grand nombre de femmes leucorrhéiques sont, en même temps, affectées de chlorose ou pâles couleurs.

L'apparition des flueurs blanches, chez les femmes, est le plus souvent due à l'abus des bals, des soirées, des théâtres, des boissons chaudes, du thé ; à l'air confiné et vicié des lieux de réunion, aux veilles, à la position assise prolongée, à l'usage des chaufferettes, etc., etc. Chez les jeunes filles, les flueurs blanches se développent sous l'influence du travail intellectuel forcé, auquel on les oblige dans les pensionnats ; on donne trop de temps aux études et pas assez aux récréations. Les parents, fort ignorants en matière d'hygiène, veulent avoir des petits prodiges de talents, et n'ont, malheureusement, que trop souvent des filles leucorrhéiques et chlorotiques. Ils devraient savoir que la jeunesse a plus besoin d'exercices et d'oxygène que les autres âges de la vie, et que la condamner au repos, en la renfermant dans des classes mal aérées, c'est attenter à sa santé et détériorer sa constitution.

Le traitement interne de la leucorrhée ou flueurs blanches est à peu près le même que celui de la chlorose. Le traitement externe exige des frictions répétées sur la région hypogastrique et sur la partie interne des cuisses ; des lotions, des injections astringentes et toniques, les bains froids, le séjour à la campagne, l'exercice du jardinage et un renoncement complet aux occupations sédentaires de la ville. Les bains froids et les injections toniques, aidés de l'iodure de fer à l'intérieur, viennent presque toujours à bout de cette triste infirmité, lorsque, toutefois, on y adjoint l'activité physique et une alimentation convenable.

DU GOITRE

A la partie antérieure du cou, sur l'un des cartilages du larynx, nommé *tyroïde*, existe une espèce de glande, portant également le nom de glande *tyroïde*. L'hypertrophie, ou excès d'accroissement de cette glande, constitue la hideuse infirmité appelée vulgairement **Goitre**.

Les causes auxquelles on attribue le goître sont : l'habitation dans les gorges, les ravines, les crevasses des montagnes, où l'air est stagnant et se renouvelle difficilement ; l'usage des eaux très-froides pour boisson, mais surtout l'hérédité. Les femmes y sont plus sujettes que les hommes, probablement parce que l'organe glanduleux, siége de cette difformité, est, chez elles, plus impressionnable.

Les personnes prédisposées au goître doivent se soustraire aux causes qui le développent, en abandonnant la localité : cette condition est de toute nécessité. Lorsque le goître commence à naître, ce qui est facile à reconnaitre au volume de la partie antérieure du cou, il faut se hâter d'y porter remède : car, pris à son début, le goître cède facilement ; les goitres anciens et volumineux, au contraire, sont incurables.

Le traitement le plus efficace est celui qui se fait avec l'iode, ou les pastilles d'iodure de potassium, à l'intérieur; à l'extérieur, les frictions, sur la tumeur même, avec la pommade d'hydriodate de potasse. L'iode est regardé comme le spécifique de cette affection. Mais l'iode combiné au fer obtient des résultats beaucoup plus sûrs ; nous avons vu l'iodure de fer, administré à l'intérieur, fondre complétement des goitres qui avaient résisté aux autres traitements. Du reste, les observations du docteur Pascal démontrent que les eaux ferrugineuses préviennent et guérissent cette maladie. Voici comment ce médecin fit, il y a quelques années, cette découverte : Deux villages, situés dans les mêmes conditions topographiques et atmosphériques, où il se rendait fréquemment, offraient, le premier une population goîtreuse, et le second une population tout à fait exempte de cette difformité. Cherchant la cause de cette différence, il découvrit que dans le village exempt de goitres il existait une fontaine d'eau ferrugineuse, servant à la consommation des habitants. De là, M. Pascal conclut que l'usage de l'eau ferrugineuse s'oppose au développement du goitre, et le guérit lorsqu'il est récent. Ses expériences, à cet égard, lui ont confirmé toute l'efficacité du traitement par les ferrugineux.

CHAPITRE XXII

DE L'ORTHOPÉDIE OU ORTHOSOMATIE

Art de redresser les difformités du corps humain (1).

Dans un ouvrage sommaire comme celui-ci, ouvrage écrit pour les gens du monde, nous ne devrions point traiter des questions spéciales et du ressort de la science ; si nous les abordons, c'est dans l'espoir que nos lecteurs pourront y trouver des notions utiles et des enseignements profitables ; ce chapitre, d'ailleurs, ne renferme que des généralités à la portée de toutes les intelligences.

Les vices nombreux de forme, de direction et de position qui dégradent la charpente humaine, dans les cités populeuses et industrielles, ont donné naissance à l'art orthopédique ou orthosomatique, dont le but est de ramener à la direction normale, les organes qui s'en sont écartés. Les immenses progrès que des hommes de génie ont imprimés à cet art font

(1) Orthopédie, mot dérivé du grec *orthos*, droit, et *pais. paidis*, enfant ; c'est-à-dire art de redresser les enfants contrefaits. Mais, comme cet art ne s'adresse pas qu'aux enfants seulement, et que son application s'étend à tous les âges, il serait plus correct de le nommer Orthosomatie, de *sôma*, corps humain ; c'est-à-dire art de redresser les difformités du corps.

espérer que le nombre si grand des avortons et des êtres contrefaits diminuera dans les proportions considérables ; car, aujourd'hui, l'orthopédie ne se borne pas à corriger les formes vicieuses, à redresser les déviations du squelette : elle enseigne aussi les moyens de donner aux organes le degré de vitalité nécessaire à leur développement ; elle peut métamorphoser un sujet débile en un sujet vigoureux et bien portant. Pour obtenir ces beaux résultats, l'orthopédiste doit être non-seulement versé dans les sciences physiques et médicales, mais il doit connaître encore les arts mécaniques et gymnastiques ; or, le médecin qui possède ces vastes connaissances mérite et ne trompe jamais la confiance de ceux qui s'adressent à lui.

Tête. — La boîte osseuse qui contient le cerveau peut se prêter, dans l'enfance, aux diverses formes que l'art veut lui donner. Les manipulations que certains peuples sauvages pratiquent sur le crâne de leurs enfants, pour obtenir telle ou telle forme, en est une preuve ; l'orthopédiste agit rarement sur elle, par la crainte qu'il a des graves accidents qui résulteraient d'une lésion de l'organe encéphalique. Cependant, quelques praticiens ont réussi, au moyen de bandages et de plaques métalliques, exerçant une compression douce, à arrêter le développement de certaines difformités qui s'étaient manifestées sur plusieurs régions du crâne.

Relativement aux imperfections et infirmités du cuir chevelu et des cheveux, en trouvera tous les détails désirables dans *l'Hygiène complète des Cheveux*, troisième édition. Voyez également notre

Hygiène du Visage, pour ce qui concerne la *calli-plastie,* et la callidermie, c'est-à-dire les moyens de régulariser les traits vicieux, de conserver ou de rendre à la peau son éclat et sa fraicheur.

Cou. — Les déviations du cou sont moins difficiles à redresser que celles du tronc, parce que l'action des muscles cervicaux qui détermine l'inclinaison de la tête, est plus facile à réprimer. L'inclinaison de la tête peut avoir lieu en avant, en arrière et sur les côtés. Les déviations latérales sont réprimées par l'usage de cols orthopédiques et la colonne à contre-poids de Shaw. Cette colonne s'applique au côté même de l'inclinaison, pour forcer les muscles du côté opposé d'entrer en action et de redresser la tête. On a aussi conseillé de mettre sur la tête un objet glissant, qui exige l'équilibre pour être maintenu. Si la tête se penche, l'objet glisse et tombe; sa chute annonce au jeune sujet qu'il est retombé dans le défaut dont il veut se corriger, et il redresse aussitôt la tête. Ce jeu, continué pendant quelque temps, rend aux muscles la force qui leur manquait, et le défaut disparaît. L'inclinaison en avant est facilement réprimée par l'exercice de l'escrime et de la natation.

Lorsque la contorsion ou roideur du cou, mommée *torticolis,* est causée par la contraction permanente du muscle sterno-mastoïdien, et qu'elle a résisté à tous les moyens gymnastiques et thérapeutiques, alors seulement, il faut avoir recours à une opération chirurgicale, qui consiste à pratiquer la section des fibres du muscle dont nous venons de parler.

Épaules.—La difformité des épaules rondes provient souvent de l'habitude de porter le cou et les bras en avant. On peut la guérir ou la modifier considérablement, en ayant soin de porter la tête droite et les coudes en arrière, en avançant la poitrine. On devra aussi se coucher sur le dos et sur un lit plat.

Lorsque l'inégalité des épaules dépend d'une faiblesse musculaire, il faut exercer la partie faible et condamner au repos la partie forte. Le sujet exercera d'abord le bras de l'épaule élevée, à des mouvements circulaires ; puis il balancera son bras d'avant en arrière ; enfin, il exécutera les mêmes mouvements avec des poids dans la main.

On voit, néanmoins, beaucoup de jeunes personnes qui, sans offrir aucune déviation, ont une épaule plus basse que l'autre. Ce défaut dépend, presque toujours, de la mauvaise habitude qu'elles ont contractée de prendre une attitude vicieuse pendant leur travail. Dans ce cas, on régularise facilement le niveau des épaules, en faisant marcher, plusieurs fois par jour, ces jeunes personnes, avec un long bâton à la main, de manière à ce que l'épaule basse s'élève et s'abaisse alternativement pendant la marche. Cet exercice, continué quinze à vingt jours, donne de la vigueur aux muscles de l'épaule et du bras, et suffit ordinairement pour ramener l'épaule basse à son niveau naturel.

Épaules arrondies. — Le moyen le plus naturel de redresser ce vice est de s'exercer incessamment à porter les coudes en arrière, en cherchant à les faire toucher.

Les déviations et autres difformités des épaules

qui se lient à celles de la colonne vertébrale, nécessitent un traitement orthopédique.

Torse. — Les déviations du torse, les incurvations et déformations de la colonne spinale, sont assez nombreuses, surtout parmi les jeunes filles. L'étiologie et le traitement de ces affections offrent de telles complications, que, parmi les médecins, il en est qui ont dirigé leurs études vers cette branche de l'art de guérir, et se sont faits médecins orthopédistes ; c'est particulièrement ces hommes spéciaux qu'on doit consulter pour ces sortes d'affections.

Les causes des déviations et incurvations, en général, sont nombreuses et variées : les vices de constitution, les affections du système osseux, les attitudes vicieuses longtemps gardées, le défaut d'antagonisme musculaire ; enfin, tous les agents extérieurs et intérieurs qui altèrent les fonctions de la nutrition et de l'innervation, peuvent porter atteinte au développement normal des tissus osseux et musculaires. Nous ferons observer que l'élément nerveux a une si grande influence sur la vitalité de tous les organes, qu'il suffit de couper le nerf conducteur de cette influence pour leur enlever aussitôt la sensibilité, le mouvement, et les conduire à l'atrophie ou privation de nourriture. Cela posé, on peut affirmer qu'en général la débilité musculaire ou osseuse, pendant la période d'accroissement, résulte d'un défaut d'innervation, et que cette débilité est la cause secondaire des déviations et déformations.

Un grand nombre de difformités naissantes sont méconnues jusqu'au jour où elles deviennent apparentes ; il eût été facile de les arrêter à leur début :

la guérison devient plus difficile lorsqu'elles ont fait des progrès. — Un moyen aussi simple que sûr, et à la porte de toutes les mères, est celui du fil de plomb posé perpendiculairement de la nuque à la région sacrée; si ce fil ne partage point en deux parties égales la goutière vertébrale, c'est qu'il y a déviation.

Courbure de la colonne vertébrale. — La colonne vertébrale est sujette à plusieurs déviations ou incurvations, soit en avant ou en arrière, soit sur les côtés. Les causes les plus ordinaires sont la répartition inégale des exercices entre les forces musculaires antagonistes, et surtout la grave affection nommée rachitisme.

Les incurvations de l'épine dorsale résultant de l'action incessante de certains muscles, tandis que leurs antagonistes sont condamnés au repos, se rencontrent assez fréquemment dans certaines classes de la société. Les paysans, que leurs travaux forcent à se courber vers la terre, en offrent de nombreux exemples. Les enfants qu'on oblige, dans les pensionnats, à étudier ou à écrire sur des tables trop basses, finiraient par devenir voûtés si les parents n'y prenaient garde, et nous les engageons à porter leur attention sur ce point.

Les difformités du torse et de la taille sont plus communes chez les filles que chez les garçons : d'abord, à cause de leur vie sédentaire, de leurs travaux d'aiguilles, de broderies, etc. pendant lesquels elles restent une partie de la journée assises, courbées ou penchées; ensuite, à cause de ce funeste vêtement baleiné, *le corset* qui fane, flétrit tant de jeu-

nes appas, qui ouvre la tombe à tant de victimes...
Voyez, dans notre *Hygiène de la poitrine et de la
taille*, l'article *Corset*, contenant tout ce qui peut
être dit sur ce vêtement, et indiquant les moyens
de le rendre moins meurtrier.

Traitement — Un célèbre orthopédiste a dit
qu'il ne connaissait point de déviations incurables,
si on les traitait pendant le jeune âge ; parce qu'a-
lors il y a renouvellement rapide des tissus vivants ;
malléabilité de la fibre et facilité à redresser les
formes déviées ou contrefaites.

Lorsque la déviation dépend d'une attitude habi-
tuelle vicieuse, il faut la corriger par des moyens orthopédiques et gymnastiques réunis. — Lorsque
l'incurvation dépend d'une débilité musculaire oc-
casionnée par l'excès de croissance ou par une mauvaise nourriture, il faut retarder l'accroissement, fortifier les muscles et choisir des aliments de bonne
qualité. — Lorsque la déviation est la suite de fatigues physiques, de travaux excessifs, on doit immédiatement ordonner le repos et quelques bains rafraîchissants ; si, au contraire, elle dépendait du manque d'exercice, il faudrait avoir recours aux mouvements gradués d'une gymnastique spéciale. — Le
traitement des déviations par défaut d'antagonisme
musculaire existe dans l'action souvent répétée des
muscles opposés à la difformité ; il faut renoncer
aux travaux qui contrarieraient le redressement et
ne s'exercer qu'aux mouvements qui sont favorables à la guérison.

Les incurvations, déviations et difformités causées
par le vice scrofuleux et rachitique ne peuvent se

guérir que par une puissante modification des os, dans lesquels le phosphate de chaux a considérablement diminué; par la régénération de l'individu, par une gymnastique appropriée et par l'usage de certains appareils orthopédiques; en un mot, il faut agir sur l'économie entière, en combinant avec sagesse et sagacité, les nombreux moyens qu'offrent l'hygiène, la gymnastique et la médecine orthopédique.

Poitrine resserrée. — On remédie à ce défaut, en portant les coudes en arrière, en exerçant les épaules à s'effacer. L'exercice de lever les bras et de les porter en arrière par des mouvements circulaires, ainsi que les divers exercices de la baguette, développent les muscles pectoraux et font acquérir à la poitrine l'élargissement dont elle est susceptible.

Bras. — Les bras, n'ayant pas à supporter incessamment de poids considérable, sont moins sujets que les jambes à se déformer. — Les bras trop *longs* ou trop *courts* n'ont point de remède. Cependant on est parvenu, au moyen de manipulations orthopédiques et d'exercices gymnastiques, à allonger des bras trop courts. Les frictions, souvent répétées, sur les *bras maigres*, surtout de fréquents exercices musculaires, parviennent souvent à activer la nutrition et à les faire grossir. — On a réussi à diminuer des *bras trop gros* en les entourant de bandes trempées dans une solution de dextrine acidulée, en les condamnant au repos. Si la grosseur des bras dépend d'une obésité générale, c'est cette dernière maladie qu'il faut traiter. — Les *rétractions musculaires*, flexion et tension permanentes des bras et avant-bras, ne peu-

vent se guérir ou se modifier que par des procédés
orthopédiques appropriés. L'orthopédiste seul est
apte à diriger le traitement selon la gravité et l'an-
cienneté de l'affection.

Mains et doigts. — L'art ne peut rien contre
les mains *trop fortes ou trop larges*. Les mains *trop
maigres* se modifient par le régime alimentaire, lorsque le corps prend de l'embonpoint. Les mains *trop
grasses* diminuent avec l'embonpoint du corps. —
Les *doigts crochus* sont plus ou moins redressés par
des appareils mécaniques et des manipulataions
orthopédiques fréquemment exercées. Quant aux
déviations, extensions ou flexions permanentes des
doigts, leur guérison exige toujours des moyens orthopédiques ou chirurgicaux. (Voyez, dans *Hygiène
des pieds et des mains*, les procédés les meilleurs
pour redresser ces organes.)

Jambes. — Les jambes sont sujettes à plusieurs
difformités, dont les principales sont les rétractions
musculaires et les déviations osseuses en dedans ou
en dehors. Les muscles des jambes déviées sont faibles, et la maigreur du membre contribue à faire
paraître la déviation plus considérable.

Les causes de ces difformités sont de diverse nature, et, dès le principe, exigent toujours un double
traitement médical et orthopédique. — Nous dirons,
toutefois, que certains exercices gymnastiques et
les manipulations orthopédiques excercées sur les
membres contrefaits sont, dans bien des cas, préfé-
rables aux pièces mécaniques, dont la résistance ne
saurait être continuellement en rapport avec celle
du sujet. A l'aide des manipulations et de moyens

extenseurs on allonge les parties rétractées au dégré que l'on veut, et l'on revivifie, en même temps, les surfaces articulaires, qu'un long repos avait déformées.

CYLLOPODIE

PIED BOT, PIED TORDU

Cette difformité affecte quatre formes principales, dénommées par les gens de l'art :

1° *Varus*, ou torsion du pied en dedans ;

2° *Valgus*, ou torsion du pied en dehors:

3° *Talus* ou torsion du pied en avant ;

4° *Equinus* (pied équin), ou torsion du pied en arrière, le talon étant porté en haut.

Ces difformités graves nécessitent toujours soit un traitement orthopédique, soit une opération chirurgicale ; et l'on ne saurait trop répéter aux parents que moins l'enfant est âgé, plus il y a de chances d'un redressement facile et complet. Si, dans nos grandes villes, nous voyons un si grand nombre d'êtres à pieds contrefaits, il faut l'attribuer à la coupable négligence des parents ; car si, dès le bas âge, époque à laquelle les os sont souples et malléables, ils eussent conduit leurs enfants dans un établissement orthopédique, ces infortunés, qui, aujourdhui hommes faits, vont traînant dans les rues leurs hideuses infirmités, marcheraient droits et librement. Nous dirons à ce sujet, qu'il serait à désirer que l'autorité municipale obligeât les parents pauvres, ayant des enfants contrefaits, à les faire entrer dans des établissements spéciaux, d'où ils ne pourraient sortir qu'après complète guérison : l'État et l'humanité y gagneraient.

TRAITEMENT DES PIEDS-BOTS

Nous ne saurions mieux faire, pour convaincre le lecteur de la facilité avec laquelle on peut opérer le redressement des pieds contrefaits, que de transcrire un passage du *Manuel pratique d'orthopédie* du docteur Mellet, orhopédiste distingué, directeur d'un grand établissement.

« C'est une vérité que nous avons souvent constatée, et dont tous ceux qui s'occupent d'orthopédie ont pu se convaincre, que la déviation ou torsion des pieds consiste dans la conversion des os du tarse sur leur petit axe ; qu'il n'y a ni luxation proprement dite ni ankylose ; que les muscles et ligaments destinés à maintenir ou faire mouvoir l'articulation tibio-tarsienne sont : les uns tendus et raccourcis, les autres allongés, relâchés, et, par conséquent, incapables de maintenir le pied dans sa position normale. Ces vérités un fois reconnues, il devient facile d'en déduire les indications curatives suivantes :

« 1° Ramener graduellement, d'une manière lente et continue, le pied dans le sens contraire de la difformité et donner à l'avant-pied la forme qu'il doit avoir dans un pied bien conformé ;

« 2° Rétablir l'équilibre dans l'action des muscles destinés à faire mouvoir le pied par une force artificielle ; suppléer à l'action des muscles allongés ou relâchés, et vaincre la résistance des muscles opposés, de manière à détruire tout obstacle aux mouvements de flexion et d'extension ;

« 3° Maintenir par un brodequin orthopédique les parties qu'on a replacées, jusqu'à ce que l'équilibre musculaire soit bien rétabli, sans possibilité ultérieure de rétraction musculaire, capable de produire une nouvelle déformation. »

Les moyens orthopédiques, pour être couronnés de succès, doivent être dirigés avec modération, agir lentement et graduellement, de manière à ne jamais produire ni douleurs, ni meurtrissures. Les appareils mécaniques doivent être enlevés, chaque jour, pendant le temps nécessaire, aux manipulations que l'orthopédiste exercera sur l'articulation. Il faut renouveler ces manipulations le plus souvent possible, car elles sont une des conditions essentielles du succès. Les personnes qui ont quelques notions d'anatomie savent parfaitement que les muscles, tendons et ligaments, peuvent éprouver une élongation considérable sans douleur ni incommodité, pourvu que la force destinée à produire cette élongation agisse d'une manière lente et continue. Les tractions violentes, les tiraillements subits, loin de déterminer l'élongation, produisent l'effet contraire c'est-à-dire la rétraction et le roidissement des parties qu'on voulait allonger.

Quelques chirurgiens distingués ont conseillé et pratiqué la *ténotomie*, ou section des tendons, pour obtenir un résultat plus prompt. Cette méthode, selon nous, n'est applicable qu'à un très-petit nombre de cas. En effet, un organe enlevé ou détruit ne se régénère pas dans l'économie humaine ; il est donc mille fois préférable de redresser l'organe, de le raccourcir ou de l'allonger par les moyens orthopédiques, gymnastiques et manipulatoires, que de le couper ou de l'enlever. Les tissus vivants, ainsi que nous l'avons dit, sont doués d'une grande malléabilité et extensibilité; avec du temps et de la patience, les moyens orthopédiques, habilement choisis et dirigés, arrivent positivement à des succès qui surpassent l'espérance.

Ici se termine notre rapide esquisse des moyens et résultats orthopédiques, destinée aux gens du monde; puissions-nous avoir convaincu nos lecteurs de la pressante nécessité qu'il y. a de redresser de bonne heure les difformités congéniales et de combattre, dès leur début, celles qui se développent après la naissance. Nous ne saurions trop conseiller aux parents qui ont eu le malheur de donner le jour à des enfants noués ou contrefaits, de s'adresser sans retard, aux médecins, directeurs d'établissements orthopédiques et gymnastiques, habiles dans la pratique de leur art. Quel bonheur, quelle joie n'éprouveront-ils pas, le jour où leurs enfants leur seront rendus parfaitement redressés, agiles, gais et bien portants!

L'un de nos plus habiles médecins orthopédistes, celui qui s'est adonné depuis longtemps et se livre, chaque jour, avec un zèle infatigable, à cette branche importante de l'art, M. Jules Guérin, a obtenu d'immenses résultats dans le traitement des difformités humaines, des vices d'organisation et de constitution. Pour engager les parents d'enfants contrefaits ou infirmes à avoir recours au talent de ce pra-

ticien distingué, et pour leur donner la certitude
des bienfaits qu'ils en retireront, nous ne saurions
mieux faire que de transcrire ici les conclusions du
rapport de la commission nommée par le gouvernement, dans le but de l'éclairer sur les succès des traitements orthopédiques de M. J. Guérin :

« 1° Les résultats obtenus par M. J. Guérin, sous
les yeux de la commission, pendant les années 1843,
1844 et 1852, dans le traitement du strabisme, des
déviations de l'épine dorsale, des luxations, des déviations des genoux, des pieds-bots, des difformités des articulations, des difformités rachitiques,
etc., etc., sont de nature à établir que la pratique de M. Guérin est, à la fois, remarquable par
les considérations élevées et judicieuses sur lesquelles elle se fonde, et par l'habileté avec laquelle les
procédés opératoires sont exécutés.

« 2° Les méthodes, procédés et appareils imagi-
nés par M. J. Guérin, pour le traitement des difformités et accidents qui les compliquent, et les règles
qu'il a posées, pour leur application, constituent un
ensemble de moyens et de préceptes à l'aide desquels
il a produit des résultats complétement nouveaux ;
d'ailleurs, ses recherches et ses idées sur cet ordre
de faits avaient, dès longtemps, constitué une branche de la médecine presque entièrement nouvelle.

« 3° En raison des progrès qu'il a imprimés à la
science des difformités et à l'art de les traiter ; en
raison des sacrifices qu'il a faits ; en raison de la persévérance avec laquelle il a poursuivi de longues et
de pénibles recherches, la commission est heureuse

de déclarer que M. J. Guérin a bien mérité de la science et de l'humanité ; elle émet, en conséquence, le vœu que le service chirurgical qui lui a été confié, par la précédente administration, lui soit conservé tout à la fois, comme un établissement utile aux pauvres malades, et comme une juste récompense de ses travaux.

« *Signé;* MM. BLANDIN, DUBOIS, JOBERT, LOUIS RAYER, SERRES et ORFILA (président). »

Avant de clore ce chapitre, nous dirons un mo sur l'*anaplastie,* branche importante de l'art chirurgical, qui embrasse les opérations propres à corriger les traits vicieux du visage et à régénérer les organes endommagés ou détruits. L'anaplastie, ou *Ente animale,* se divise en deux branches :

1° L'**autoplastie**, lorsque la régénération d'un organe s'opère à l'aide d'un emprunt tégumentaire, c'est-à-dire d'un lambeau de peau fait à l'individu même ;

2° L'**hétéroplastie**, lorsque l'emprunt tégumentaire est fait à autrui. Ce dernier procédé compte fort peu de succès ; tandis que le premier, convenablement exécuté, réussit presque toujours.

Le mot **anaplastie** n'étant qu'un terme générique, on se sert de termes spéciaux, tirés du nom même de l'organe qu'on veut régénérer ; ainsi :

Rhinoplastie indique l'opération par laquelle on refait un nez détruit en totalité ou en partie.

Blépharoplastie indique la régénération des paupières.

Chéiloplastie indique la régénération des lèvres.

Génoplastie indique la régénération des joues.

Otoplastie indique la régénération des oreilles.

L'*anaplastie* est entièrement du domaine de la chirurgie : non-seulement elle obvie à des difformités hideuses, repoussantes, mais elle rend encore au sujet l'usage des organes et des sens dont il était privé. C'est, on peut le dire, une des plus belles conquêtes de l'art chirurgical.

CHAPITRE XXIII

La gymnastique, autrement dit la *somascétique* ou exercices du corps, constitue une partie importante de l'hygiène. Elle enseigne à régler les divers mouvements, les diverses poses et attitudes, soit pour développer le volume, la solidité des membres et augmenter la somme des forces physiques; soit pour régénérer les constitutions débiles ou affaiblies, et donner à l'être malingre une santé vigoureuse.

Les savantes études du naturaliste Lamark ont fourni des preuves irrécusables que la gymnastique, longtemps continuée, apportait de notables changements dans l'économie vivante; que l'habitude de tel ou tel exercice, de tel mouvement ou contraction d'un membre, de telle position du corps, modifiait, non-seulement la direction, mais encore la structure des organes et opérait de véritables métamorphoses.

La gymnastique se divise en deux branches : la gymnastique *générale*, qui répartit également les exercices aux membres et au corps, favorise l'*orthomorphie*, c'est-à-dire le développement des formes régulières;—la gymnastique *spéciale*, qui localise

22

les exercices à tel ou tel membre, est avantageusement employée, dans les établissements *orthopédiques*, contre les vices d'attitude naturels ou acquis, et contre les déviations de la charpente humaine.

En grand honneur dans les temps héroïques, la gymnastique forma des hommes extraordinaires, dont les noms ne s'oublieront jamais : Hercule, Thésée, Pollux, lui durent leur demi divinité. Philippe, Milon de Crotone, Euthyme, Théagène, Timanthe, Polydamas et une foule d'autres athlètes, d'une force prodigieuse, remplirent le vieux monde de leurs exploits. Les villes d'Olympie, de Delphes, de Némée, de Corinthe, etc., étaient les théâtres où s'exerçaient ces héros du cirque et où l'enthousiasme leur décernait d'éclatants honneurs.

L'histoire nous a conservé les noms de trois *gymnastes*, ou athlètes, qui obtinrent les honneurs divins :

Philippe, de Crotone, trois fois vainqueur aux jeux Olympiques, et le plus bel homme de son temps.

Euthyme, de Locres, qui excellait au pugilat, et l'emportait, en agilité, sur tous ses adversaires.

Théagène, de Thasos, également fort au pancrace, au pugilat et à la course ; toujours vainqueur aux jeux Olympiques, Néméens, Isthmiques et Pythiens, cet athlète, au rapport de Pausanias, remporta quatorze cents couronnes.

La gymnastique, alors, formait une partie obligée de l'éducation publique des deux sexes. Les hommes agiles, robustes, vigoureux, étaient honorés de leurs concitoyens; les êtres chétifs, au contraire, étaient méprisés, et, dans certaines contrées même, on sacrifiait les enfants qui naissaient débiles ou contrefaits. Agésilas, roi de Sparte, né boiteux, ne dut la vie qu'à la pitié de sa mère.

Les exemples de force musculaire que nous venons de citer n'impliquent point que la gymnastique ait pour seul but le développement du physique ; ce serait une grave erreur que de le croire. En imposant rigoureusement les exercices gymnastiques, les législateurs avaient en vue le développement simultané du physique et du moral ; *Mens sana in corpore sano :* une âme saine dans un corps sain, disait un proverbe ; la sérénité de l'âme est la conséquence naturelle de la santé du corps, disait un autre. En effet, dans un corps malade ou souffrant, l'âme ne saurait exercer la plénitude de ses fonctions. Il était donc rationnel de donner au corps le dégré d'activité et de forces convenables, afin de seconder l'esprit dans ses opérations.

Le nombre des gymnases, chez les Grecs et les Romains, était au moins aussi grand que celui de nos collèges. Il n'existait pas de ville ni de bourg qui n'eût son gymnase. La ville d'Athènes en possédait trois : le Lycée, le Cynosarge et l'Académie. — A Sparte, le Plataniste et toutes les places étaient des gymnases où s'exerçait une jeunesse robuste et bien portante.

On comptait trois espèces de gymnastiques : la militaire, l'athlétique et la médicale. Les soldats s'exerçaient à la première : la seconde formait les athlètes : le troisième s'appliquait, avec succès, contre certaines maladies et tous les vices d'organisation.

Chez ces peuples, les exercices gymnastiques étaient regardés comme le complément obligé de toute éducation juvénile. On envoyait les enfants au gymnase comme on les envoie aujourd'hui à l'école ; et il résultait de cette pratique rationnelle, que les individus nés frêles, délicats ou chétifs, y acquéraient une santé robuste et une force remarquable. On cite une foule de grands hommes qui durent à ces exercices leur constitution vigoureuse et leur énergie morale. Pythagore, Socrate, Platon, Épaminondas, Thémistocle, Agésilas, César, Caton, Adrien, Marc-Aurèle, etc., témoignent de cette vérité. La gymnastique ne développait point seulement la force matérielle, l'adresse et la santé ; elle développait encore la beauté des formes, donnait à la marche et aux diverses attitudes la grâce et l'élégance. Parmi les personnes qui en retirèrent ces derniers avantages, on peut citer Alcibiade et Antinoüs pour les hommes ; Aspasie et Laïs pour les femmes. Du reste, on peut se faire une idée de la haute importance que les anciens attachaient à la gymnastique par l'opinion de Platon et d'Aristote ; ces deux grands philosophes considéraient comme défectueux un gouvernement qui permettait l'oubli de cet art. Si ce n'était la longueur, que ne comporte point cet ouvrage, nous transcririons ici le passage relatif à l'éducation gymnastique du fils d'Apollodore, qu'on pourra lire dans le troisième volume des *Voyages d'Anacharsis ;* on y verra quels soins prenaient les Grecs pour faire marcher de pair le développement du moral et celui du physique.

Si, remontant à l'origine de la gymnastique, nous

la suivons jusqu'à nos jours, nous voyons qu'elle commença avec les temps héroïques ; qu'elle s'étendit sur tous les peuples de l'ancienne Grèce et sur les nations voisines : de là, elle passa en Italie. Le cirque du champs de Mars, à Rome, fut un vaste gymnase où non-seulement la jeunesse s'exerçait à toutes sortes de jeux, mais où les gladiateurs se livraient de sanglants combats pour amuser le peuple romain. Aux jeux meurtriers du cirque, prohibés par Constantin, succédèrent des jeux gymniques, le saut, la course, la lutte, etc. Le moyen âge eut ses carrousels et ses tournois, ses exercices d'équitation et d'escrime. La noblesse de cette époque se livrait, dès l'enfance, à une gymnastique guerrière qui lui donnait la vigueur et l'adresse ; car, de ces deux conditions dépendaient, le plus souvent, la victoire dans les jeux de Bellone et la renommée dont l'homme est si jaloux.

Les exercices gymnastiques se retrouvent chez tous les peuples de la terre. Partout, disent nos illustres voyageurs, Cook, Bougainville, Perron, le Vaillant, de Humblodt, etc., on rencontre, dans le fond des déserts et sur les grèves de l'Océan, l'homme sauvage hâtant le développement de son corps par des jeux guerriers, des danses et divers exercices où l'adresse et la force obtiennent des couronnes. Les peuples barbares ont une gymnastique naturelle à laquelle ils s'exercent tous les jours. Chez les nations civilisées, la découverte de la poudre à canon, en changeant le mode d'attaque et de défense, amena peu à peu l'oubli des exercices gymnastiques ; de cet oubli est positivement résulté une décroissance de force et d'adresse dans la population des cités. Pendant bien longtemps, en Europe, on n'entendit plus parler de gymnastique, et ce ne fut qu'en 1587, que Mercurialis la releva de cet oubli. Vers 1775 et 1776, Fuller, en Angleterre, et Simon, en France, publièrent deux traités sur la gymnastique; ce dernier joignit la pratique à la théorie en ouvrant un gymnase qu'il dirigea. A partir de cette époque, plusieurs gymnasiarques, parmi lesquels on compte Saltzmann, Pestalozzi, Gultmuths, Werner, Jahn, Fellenberg, exposèrent successivement les moyens et résultats de l'art gymnastique. En 1780, Tissot, chirurgien-major des chevau-légers, fit paraître un aperçu de gymnastique médicale et chirurgicale. — Durivier, Jauffret, Jullien, écrivirent presque en même temps sur le même sujet : mais il était réservé à Clias, chef d'artillerie légère du canton de Berne, de faire revivre, parmi nous, l'art de la gymnastique, et d'en populariser les bienfaits.

Après avoir constaté, en Suisse, les heureux résultats de cet art salutaire, Clias voulut obtenir les suffrages de la nation qui lui paraissait représenter le mouvement intellectuel en Europe. Il vint à Paris, en 1816, et fit hommage à l'Académie de médecine d'un ouvrage didactique sur l'art gymnastique. L'Académie nomma immédiatement une commission composée de plusieurs de ses membres les plus marquants, qui, après avoir pris connaissance de la méthode de Clias, lui votèrent des félicitations. — Peu de temps après, le colonel Amoros établit, à Paris, un gymnase qui se distingua des áutres par l'adjonction du rhythme, du chant et de la musique aux divers exercices.

Aujourd'hui notre capitale compte un assez grand nombre de gymnases publics et particuliers, parfaitement dirigés. Les colléges et pensionnats de jeunes demoiselles, bien tenus, possèdent leurs gymnases, où les jeunes élèves trouvent des amusements favorables au développement du corps et à la santé.

La gymnastique, considérée comme art, comprend :

1° Les exercices actifs ou musculaires;

2° Les exercices passifs ou gestations;

3° Le repos.

Les *exercices actifs* embrassent tous les jeux qui mettent en action le système musculaire, la marche, la course, le saut, la danse, la lutte, l'escrime, la natation, etc., etc. Ces exercices développent les muscles en grosseur, fortifient les membres et donnent une habileté singulière à exécuter toutes sortes de mouvements. On est étonné de voir des jeunes gens faibles, d'une constitution délicate, revenir du gymnase robustes et vigoureux, après quelques mois d'exercices; les individus lourds, pesants ou indolents, y acquièrent une légèreté, une souplesse incroyables. Enfin, l'on peut dire que la gymnastique musculaire procure l'agilité, la hardiesse, et qu'elle discipline la force.

Les *exercices passifs* ou *gestations* comprennent tous les exercices que l'on prend en se faisant porter. Les muscles se trouvent en repos; mais, le mouvement imprimé par une cause étrangère se propage dans tout le corps, pénètre les organes et modifie sensiblement leurs fonctions : — la chaise à porteur, la litière, les voitures suspendues et non suspendues, l'escarpolette, la navigation, l'équitation, etc., les trémoussements et secousses occasionnés par les gestations favorisent toutes les fonctions, en général. et particulièrement celles de la digestion et de la nutrition.— Le *repos* exerce sur nos organes une influence débilitante qui tend à affaiblir leur vitalité.

Le corps se trouve donc incessamment sous l'empire de ces trois états : ou il se meut par lui-même, ou il reçoit le mouvement d'une cause étrangère, ou il reste en repos.

Aux heures du repos, la nature répare les pertes faites pendant l'action : mais, si ce repos est de trop longue durée, la débilité survient et trouble les fonctions essentielles de la vie. Or, c'est pour repousser cette cause débilitante que la nature a établi, pour chaque âge, une gymnastique instinctive.— Dans la première enfance, les ballottements que la nourrice imprime à son nourrisson, agissent visiblement sur sa tendre organisation ; mais, aussitôt que l'enfant peut faire agir ses membres, on le voit remuer, s'agiter en tous sens. — Dans l'adolescence, les exercices sont aussi rapides que variés : les jeunes sujets, doués d'une mobilité et d'une pétulance singulières, ne peuvent longtemps rester en repos.— Pendant l'âge adulte, les sujets se livrent. d'eux-mêmes, par goût, aux jeux de toute espèce : c'est le bon moment de les soumettre à des exercices réglés. — Plus tard, dans le cours des années qui suivent la puberté, les sujets. devenus plus raisonnables et appréciant les avantages qu'ils ont retirés des exercices physiques, fréquenteront volontairement les gymnases.

On doit bien se pénétrer que la condition nécessaire, indispensable, pour retirer les meilleurs fruits de la gymnastique, c'est-à-dire pour développer la force en même temps que la beauté des formes, cette condition se trouve dans la variété des exercices; il faut que la distribution de ces exercices soit régulièrement faite aux divers faisceaux musculaires du tronc et des membres. L'expérience enseigne qu'on ne doit jamais exercer, exclusivement un seul membre, un seul organe, tandis que les autres sont condamnés au repos; il en résulte que les premiers acquièrent un volume énorme, tandis que les autres restent maigres et produisent un contraste disgracieux. Toutes les professions qui exigent l'incessante activité d'un ou de plusieurs membres témoignent de ce fait. Ainsi, les danseurs ont des jambes d'une grosseur démesurée, relativement à leurs bras et à leur poitrine, fort peut développés. — Les portefaix présentent des épaules monstrueuses, comparativement à leurs jambes, très-peu charnues, etc., etc.

Nous ne pouvons donner, dans cet ouvrage, la description de tous les exercices qui se pratiquent dans les gymnases modernes; ces exercices, aussi nombreux que variés, sont toujours profitables à la constitution des jeunes gens qui les pratiquent; pour s'en convaincre, il ne s'agit que de lire un traité spécial de gymnastique, et, mieux encore, de fréquenter un gymnase. Nous ne traiterons que très-sommairement, ici, des principaux exercices, en faisant observer, toutefois, que la gymnastique, pour les jeunes demoiselles bien portantes, doit avoir pour but, non de développer des forces athlétiques, mais d'entretenir l'équilibre, l'harmonie des organes et fonctions, de développer la beauté des formes et la souplesse des mouvements.

EXERCICES ACTIFS

La **marche** est le plus simple, comme aussi le plus naturel de tous les exercices physiques ; elle met en action les muscles des jambes, une partie de ceux du tronc et des bras. Il est à remarquer que la projection des bras en avant et en arrière se fait en sens inverse de la projection des jambes, de sorte que les membres supérieurs servent de balancier au corps. La marche sur un sol incliné, soit que l'on monte ou qu'on descende, exige une action musculaire plus considérable que sur un sol plat. En montant le corps se penche en avant ; en descendant, il se porte en arrière ; les genoux sont fléchis et les pas beaucoup plus courts. Il est bon, de temps à autre, de s'exercer modérément à ces deux sortes de marche.

La marche favorise la plupart des fonctions de notre économie ; elle provoque l'appétit, aide à la digestion, active la circulation et augmente l'exhalation cutanée ou transpiration. Mais, autant la marche modérée est favorable à nos fonctions, autant les marches forcées leur sont nuisibles par la fatigue, la lassitude et l'épuisement qu'elles amènent.

La **promenade**, ou marche modérée, modifie les caractères tristes et chagrins, elle les distrait et quelquefois les égaye ; elle vient au secours des gens oisifs et leur procure des distractions. La promenade en des lieux riants, sous de beaux ombrages, sur la lisière des bois, au milieu des prairies émaillées de fleurs, dissipe les contentions d'esprit, les idées sombres, les vapeurs des mélancoliques : et il arrive bien souvent que celui qui était sorti de son domicile triste et le moral fatigué, y rentre, après la promenade, avec une douce joie au cœur. La raison de ce changement se trouve dans l'excitation dont le système musculaire est le siége ; pendant cette excitation le cerveau se repose, et les fonctions qui appartiennent au domaine du sentiment, sont notablement ralenties.

La marche et la promenade étant des exercices naturels et qui ne se démontrent point, les anciens et les modernes ne les ont pas compris dans la gymnastique ; nous venons d'en parler pour appeler l'attention sur leur utilité et leur nécessité.

La gymnastique, considérée comme art, se divise en trois classes :

La première classe comprend la *course*, le *saut*, la *lutte* et leurs *subdivisions*.

La deuxième classe embrasse l'art de *nager*, *de lancer*, de *marcher* sur un sol mouvant, étroit, de *grimper*, de se *cramponner*, de se *balancer* et de conserver un parfait *équilibre*.

A la troisième classe appartiennent les exercices *militaires*, le *pas* de gymnastique, l'*escrime*, la *danse*, l'*équitation* et la *voltige*.

La **course**. — Chez les Grecs et les Romains la course était un exercice en honneur ; elle ouvrait les jeux Olympiques, jeux si célèbres, où l'on se rendait de toutes les parties de l'ancien monde, pour y disputer des couronnes. Platon recommande l'exercice de la course non-seulement aux garçons, mais aux jeunes filles. Sénèque, quoique peu appréciateur des exercices athlétiques, conseille cependant à Lucilius de s'exercer à la course, comme étant un exercice fort utile.

L'emplacement destiné aux jeux de la course, portait le nom de *stadium*, parce qu'il avait la longueur d'un stade, environ cent quatre-vingt-dix mètres. Les coureurs étaient nus ; ceux qui parcouraient le stade d'un bout à l'autre, une fois seulement, s'appelaient coureurs de stade ; ceux qui, d'une seule haleine, le parcouraient deux fois, méritaient le nom de coureurs du double stade. De plus, il existait deux genres de courses, la course accélérée et la course de longue haleine.

L'Anthologie grecque fait mention d'un jeune chevrier de Milet, nommé Polymnestor, qui attrapait les lièvres à la course, et qui, en la quarante-sixième Olympiade, remporta le prix aux jeux Olympiques. Solin rapporte que le coureur Ladas courait avec tant de vitesse et de légèreté, que ses pieds ne laissaient aucun vestige sur le sable ; une statue fut érigée en son honneur. On trouve, dans l'histoire, des courses de longue haleine presque

incroyables : — Philippide parcourut quatorze cents
stades en deux jours. — Philonide, coureur d'A-
lexandre le Grand, se rendit, en un jour, de Sicyone
à Élis ; la distance entre ces deux villes est de douze
cents stades. — Anistis franchit en vingt-quatre
heures la distance de onze cent cinquante stades,
qui séparent Athènes de Lacédémone.— Pline parle
d'un jeune homme qui, en six heures, parcourut
soixante-quinze mille pas. L'admiration d'une si prodigieuse vitesse augmentera, dit-il, lorsqu'on saura
que l'empereur Tibère, se rendant en Germanie, au-
près de Drusus son frère, ne put faire que deux
cent mille pas en vingt-quatre heures, c'est-à-dire
cinquante mille pas en six heures, en crevant plusieurs chevaux.

On ne saurait passer sous silence le trait de ce
soldat grec qui, après la bataille de Marathon, où il
avait combattu, pendant près de six heures, courut,
tout armé, vola rapidement à Athènes, et tomba
mort en prononçant ces mots :

Les Grecs sont vainqueurs !

La course développe les membres inférieurs, imprime des secousses à tous les viscères, et favorise
la libre exécution de leurs fonctions ; elle a surtout
une énorme influence sur la fonction de l'organe
pulmonaire, et c'est à cause de cette influence que la
course exige une progression graduelle, une durée
calculée sur l'état et la force des poumons. On doit
toujours commencer par courir modérément, puis
un peu plus vite ; enfin, on redouble la vitesse ;
mais, avant d'atteindre le but, il est prudent de ra-
lentir la rapidité de la course : car un brusque arrêt

au milieu de la plus grande vitesse pourrait occasionner des accidents pulmonaires.

On ne saurait trop exercer à la course les adolescents des deux sexes : cet exercice, qui trouve à tous moments son application, est des plus favorables au développement des organes de la poitrine, ainsi qu'au système musculaire des jambes et du bassin.

Relativement aux rapports qui existent entre les organes et la course, quant à sa durée et à sa vitesse, voici les expériences que le professeur Londe a consignées dans sa *Gymnastique médicale.*

« Un homme doué d'une grande mobilité musculaire et d'une certaine énergie dans la fibre, peut parcourir un espace de peu d'étendue *(cent pas)* avec un quart plus de vitesse, qu'un autre dont les jarrets sont moins souples, mais dont les poumons sont plus vastes. Si l'espace à parcourir est doublé, le premier des deux coureurs sera atteint dans la seconde partie de l'espace ; enfin, s'il est triplé, le premier coureur sera devancé par le second ; et cela parce que c'est moins une grande somme de forces et de résistance que la course exige dans les fibres musculaires des jambes, que la faculté précieuse de ne renouveler les inspirations qu'après de longs intervalles, faculté due à la capacité du poumon susceptible de contenir une quantité d'air considérable. C'est toujours par la difficulté de respirer que le coureur est arrêté, après avoir franchi un certain espace, et jamais par la fatigue des jambes. »

Le saut. — Cet exercice peut être considéré comme un des plus avantageux de la gymnastique, en raison de la vigueur et de l'élasticité qu'il fait acquérir aux muscles des jambes, et à cause de son utilité dans mainte circonstance. Il assure le coup d'œil, rend agile, adroit, et peut nous pi éserver de chutes dangereuses.

L'art de sauter comprend :

1° Le saut simple, sans prendre d'élan, ou à pieds joints ;

5° Le saut avec élan, en hauteur et en longueur ;

3° Le même saut, à l'aide d'un bâton ou d'une perche ;

4° Le saut en profondeur ;

5° Le saut à cloche-pied ;

6° Le saut continu ;

7° Les divers sauts du cheval fondu, de saute-l'âne, du mouchoir, etc., etc., etc.

Règle générale. — Le saut doit toujours se pratiquer sur un terrain meuble et sablonneux, pour éviter toute secousse violente ; à la fin du saut, il ne faut jamais tomber sur les talons, parce qu'il pourrait en résulter une commotion cérébrale des plus dangereuses. On doit aussi arriver sur les deux pieds, à la fois, parce que si, dans un saut en profondeur, on ne tombait que sur un seul pied, il pourrait en résulter une entorse ou une fracture.

L'exercice du saut constitue, dans les gymnases, des exercices aussi variés que favorables au développement des forces musculaires, à la souplesse et à la légèreté. La gymnastique orthopédique met à profit plusieurs espèces de sauts, pour rétablir l'harmonie détruite dans la force et le volume de l'une des jambes. Qu'une jambe, par exemple, soit devenue plus faible et plus mince que l'autre, à la suite d'un accident qui a exigé un long repos, on lui rendra sa vigueur première en faisant pratiquer à la personne l'exercice du saut *à cloche-pied*.

La **Lutte.** — Cet exercice, qui exige l'emploi d'une force musculaire générale, qui formait, chez les anciens, la partie essentielle de la gymnastique ; la lutte se divisait en lutte athlétique et lutte guerrière ; ce fut à cette dernière que les Thébains durent la victoire de Leuctres.

Aujourd'hui, comme autrefois, la lutte est un exercice dans lequel deux adversaires s'enlacent mutuellement le corps de leurs bras ; cherchent à se pousser, à se soulever de terre, à se renverser. Le corps prend mille positions variées qui mettent en jeu, de mille manières, les forces musculaires, et sont très-favorables à leur accroissement. Il existe divers genres de lutte dont la description ne saurait trouver place ici.

DEUXIÈME CLASSE

LA NATATION OU ART DE NAGER ; L'ART DE LANCER, DE GRIMPER, DE GARDER L'ÉQUILIBRE

Chez les Grecs et les Romains, la natation faisait partie obligée de l'éducation corporelle. On aura une idée de l'importance qu'ils accordaient à la natation, par cet axiome, très-humiliant pour les personnes à qui on l'appliquait : *Il ne sait ni lire ni nager.* — Les Gaulois et les Francs, nos ancêtres, avaient la réputation de bons nageurs ; et si, pendant bien longtemps, cet art fut oublié en France, on voit avec plaisir qu'il revient en honneur parmi nous. Depuis quelques années, surtout à Paris, hommes et femmes, jeunes filles et jeunes garçons, attendent, avec impatience, le retour de l'été pour s'élancer dans les flots de la Seine.

Le bain froid est, de l'avis de tous les physiologistes, un excellent moyen pour fortifier le corps et de rendre la santé robuste ; nous ne saurions trop conseiller aux personnes à constitution molle, de prendre régulièrement, chaque année, des bains froids de rivière ou de mer : elles en retireront de très-bons effets.

L'art de nager n'a point les difficultés qu'on lui suppose ; il s'agit simplement de bannir toute crainte et d'exécuter avec confiance les mouvements de natation que nous allons décrire.

Après quelques frictions préliminaires, faites sur la peau, on se mouille légèrement le front et la poitrine, pour briser le saisissement ; puis on s'avance dans l'eau jusqu'à la ceinture. Alors, on penche le corps en avant, la tête un peu fléchie en arrière ; on étend les bras et les jambes, et aussitôt on ramène les mains près de la poitrine en leur faisant décrire un demi-cercle sur l'eau. Les jarrets sont pliés et et les pieds ramenés l'un contre l'autre pour être séparés de nouveau et alternativement ; les mouvements des jambes doivent coïncider avec ceux des mains. Pour bien nager sans se fatiguer, il faut décomposer ainsi les mouvements ci-dessus.

1° Les deux mains sont placées sur le devant de la poitrine, les doigts de chaque main opposés l'un à l'autre par la pulpe, de manière à former un angle aigu ;

2° Les jarrets sont pliés et les talons rapprochés l'un de l'autre.

On lance vigoureusement les jambes en arrière en les écartant, et simultanément les mains sont lancées en avant, toujours jointes, afin de fendre l'eau comme la proue d'un navire. On ne doit séparer les mains qu'au moment où l'impulsion donnée par les pieds, ne fait plus avancer ; alors, on les sépare lentement, en décrivant un demi-cercle pour les ramener devant la poitrine ; en même temps on plie les jarrets, et les talons se rapprochent. De nouveau on lance les jambes en arrière et les mains en avant, et toujours ainsi.

La personne qui exécuterait avec confiance et sans crainte de l'eau, ces mouvements, nagerait à son premier coup d'essai.

L'art de nager embrasse les différentes manières de se tenir en équilibre sur la surface de l'eau, de fendre le flot, ou la vague, de s'avancer en ligne droite ou oblique, de se retourner sur le dos et de nager dans cette position, de cesser tout mouvement ; d'où sont venues les expressions techniques : pratiquer la *brasse*, la *coupe*, la *demi-coupe*, la *planche*, la *chaise*, *faire le mort*, *nager entre deux eaux*, *plonger*, etc.

L'art de plonger exige une grande provision d'air dans le poumon. Cette provision étant faite on se dresse sur les pieds, on appuie le menton sur sa poitrine, on roidit tout le corps, et on s'élance, la tête la première, les bras tendus en avant et les mains jointes, pour fendre l'eau et protéger la tête. Arrivé au fond de l'eau, on fait un mouvement de bascule, on frappe violemment du pied le sol ou l'eau et l'on revient promptement à la surface.

Les effets sur la constitution dans l'eau de mer et de rivière ont été décrits dans un de nos ouvrages, intitulé : *Hygiène des Baigneurs.*

Les Grecs et les Romains, beaucoup plus avancés que nous dans l'art gymnastique, possédaient de vastes réservoirs d'eau tiède où, pendant la saison d'hiver, ils pouvaient s'adonner à l'exercice de la natation, soit comme mesure hygiénique, soit comme moyen médical.

Aujourd'hui que nous essayons de marcher sur les traces des anciens, un magnifique gymnase nautique s'est élevé, à Paris, dans une avenue des Champs-Élysées, où les deux sexes trouvent de vastes bassins et des maîtres, pour apprendre un art qui donne les moyens de sauver sa vie ou celle d'autrui, d'une mort que trouve infailliblement, sous les flots, la personne qui ne sait point nager.

Lancer. — L'art de lancer, avec la main, une pierre, une boule, une balle, un palet, etc., est un amusement auquel se livre ordinairement la jeunesse. Les jeux de paume, de quilles, de balle, de fronde, etc., développent les muscles du bras, de la poitrine et des épaules, et donnent de la justesse au coup d'œil.

Grimper. — Cet exercice met en jeu le système musculaire des membres et du bassin ; il nous apprend à garder l'équilibre, et, dans bien des circonstances, peut nous soustraire à des dangers. L'art de grimper comprend plusieurs exercices :

1° Celui de s'accrocher avec les bras et les mains ;

5° Celui de se tenir avec les jambes et les pieds ;

3° Grimper au mât de cocagne ;

4° Grimper à l'échelle avec les mains seulement.

Cet exercice exige une grande force musculaire des bras et des épaules ;

5° Grimper à l'échelle à corde ; exécuter la même ascension avec la corde à nœud.

Équilibre. — On doit s'exercer d'abord à se tenir en équilibre sur une seule jambe ; puis on s'apprend à marcher sur des poutres carrées ; enfin, l'on passe à l'exercice de la poutre arrondie, sur laquelle il faut marcher d'un bout à l'autre sans tomber de côté.

Le triangle, le **trapèze**, le **portique**.—Les exercices du trapèze et du portique forment une partie importante de la gymnastique. C'est au moyen de ces instruments que les enfants et jeunes gens apprennent à mouvoir leur corps dans tous les sens, tantôt à l'aide des bras, tantôt à l'aide des jambes. La variété des mouvements qu'on peut exécuter avec ces instruments les rend très-précieux pour développer l'agilité, la souplesse et les forces musculaires. Le gymnasiarque Clias indique dix-huit exercices différents qu'on peut exécuter sur le triangle ou le trapèze. Chaque exercice s'adresse à un ou plusieurs muscles et les force à de contractions plus ou moins énergiques qui, en peu de temps, font acquérir une grande puissance musculaire.

TROISIEME CLASSE

Exercices militaires. — Nous ne parlerons pas ici des exercices militaires, qui forment une gymnastique à part, et dont les règles sont tracées dans des ouvrages spéciaux.

L'**escrime**, ou art de faire des armes, consiste à rompre le corps aux diverses attitudes qu'il doit prendre, afin de rendre le jeu des articulations facile; de donner de la promptitude et de la souplesse aux mouvements. Les jambes, le torse, les bras et les mains, opèrent une série de mouvements toujours favorables au développement des systèmes osseux et tendineux. L'escrime, fut pendant longtemps, l'un des exercices auxquels la jeunesse française se livrait avec ardeur ; aussi comptait-on un assez grand nombre de maîtres d'armes célèbres dans cet art. L'escrime est peut-être, de tous les exercices, celui qui met simultanément en jeu l'ensemble des masses musculaires et organiques. Prises pendant une heure chaque jour, les leçons d'escrime fortifient la constitution, assouplissent les ligaments articulaires et facilitent le jeu des articulations des membres. Il arrive presque toujours aux personnes qui ne font des armes qu'avec un seul bras, que, la nutrition du bras qui agite l'arme et de la jambe sur laquelle s'appuie le corps étant augmentée, il en résulte une disproportion de volume entre ces deux membres et les deux autres. C'est pour obvier à cet inconvénient que les maîtres d'armes devraient faire changer, de temps en temps, la main à leurs élèves. Quelques minutes d'escrime suffisent pour donner lieu à des phénomènes organiques très-prononcés, tels que l'animation des yeux, du teint: l'accélération des battements du cœur ; l'augmentation de la transpiration, suivie bientôt de sueurs légères ou abondan-

tes, selon que l'exercice est plus ou moins longtemps continué. L'escrime agit encore sur l'ouïe et
la vision ; elle porte aussi son influence sur le
cerveau et exerce l'esprit à deviner les feintes d'un
adversaire, à les prévenir et à lui répondre par une
ruse. Enfin, l'escrime est une gymnastique très-propre à fortifier les constitutions délicates et à donner
de l'assurance au maintien.

Nous ferons observer ici qu'il est essentiel d'exercer les membres chacun à leur tour. L'habitude de se
servir constamment du même bras détruit la symétrie des forces et des formes en augmentant la nutrition de l'un et diminuant celle de l'autre ; il arrive
alors, que le bras qui agit sans cesse acquiert un
volume considérable, tandis que celui qui est con-
damné au repos reste faible et petit. Le seul moyen
d'obvier à cette inégale répartition des sucs nutritifs est de forcer les enfants à se servir, indistinctement, des deux membres. L'habitude une fois
prise, ils deviennent ambidextres.

La danse. — Cet amusement, auquel la jeunesse
se livre avec tant de plaisir, est un moyen de donner
aux mouvements, aux attitudes et poses du corps
cette aisance, cette légèreté et ces grâces qui sont à
la beauté ce que la lumière est au jour. Sans la
grâce, la force n'est que rudesse, et la légèreté elle-
même perd de sa valeur.

Les leçons de danse, données par un maître habile,
effacent, en peu de temps, les défauts de la démarche, les vices d'attitude et la gêne des mouvements.
Le pas devient léger, le maintien assuré, le port
ferme et sans roideur de tête et de poitrine : les

bras se posent et se meuvent facilement : les divers mouvements et gestes s'arrondissent ; l'aisance devient habitude, enfin, les grâces se dispersent sur le corps entier et attirent l'admiration.

Voltige. —On a dénommé ainsi tous les sauts pratiqués en appuyant les mains sur un objet quelconque. L'appui de la main sert à rendre le saut plus facile, à diriger le corps et à protéger la chute. Mais, c'est surtout aux exercices du cheval que s'applique la voltige. Dans les gymnases, on s'exerce d'abord sur des chevaux de bois, solidement fixés en terre ; puis, lorsque l'élève est familiarisé avec ces exercices, on le fait passer dans un manége, où il pratique sur un cheval vivant.

Équitation. — L'art de bien se tenir à cheval et de bien gouverner sa monture, exige une pratique plus ou moins longue, selon l'aptitude de l'élève ; car il s'agit de faire opérer diverses évolutions à un corps vivant, doué d'une volonté qu'il faut faire plier à la nôtre.

La position de l'homme à cheval doit être telle, que le poids de son corps soit également réparti sur le siége, de telle sorte qu'il n'y ait ni gêne, ni fatigue pour le cavalier et pour le cheval.

Le cavalier devra donc être assis d'aplomb. Pour obtenir cet aplomb, il faut que sa ligne verticale, qui prend de la tête à l'enfourchure, soit directement opposée à la ligne verticale du cheval, qui commence au milieu du dos de l'animal et se termine au sternum ; d'où il résulte une seule et même ligne, et, par conséquent, un parfait équilibre. C'est de ce parfait équilibre et de l'attitude aisée que naît la grâce du cavalier.

L'équitation est un art aussi utile qu'agréable; elle convient surtout aux personnes que l'âge ou la position sociale forcent à une vie sédentaire. L'équitation communique aux organes la force dont ils ont besoin pour exécuter convenablement leurs fonctions; mais, c'est particulièrement sur la nutrition qu'elle exerce son influence. De même que les mouvements de voiture, les mouvements du cheval, après le repas, hâtent la digestion. L'observation prouve que les hommes forcés par leur état à monter journellement à cheval, mangent beaucoup, assimilent promptement et deviennent ordinairement très-gras.

On a reproché à l'équitation continuelle, au grand trot, allure fort rude, d'imprimer de violentes secousses aux organes contenus dans le ventre, de prédisposer à l'obésité abdominale et d'atrophier, chez l'homme, les organes de la génération. On prévient ces inconvénients par des ceintures, qui soutiennent le ventre et par des suspensoirs.

Les effets ou résultats de la gymnastique se résument ainsi :

Augmentation de force et de vitesse de mouvement circulatoire, en général.

Accroissement de la vitalité des organes exercés, et apport d'une plus grande quantité de sang dans ces organes, d'où résulte un surcroît de forces et de volume : diminution des sécrétions intérieures, augmentation de l'exhalation pulmonaire et cutanée.

Développement progressif du système musculaire : c'est particulièrement sur ce système que la gymnastique.agit, d'une manière d'autant plus notable, que les exercices sont plus habilement dirigés et journellement pratiqués.

Développement de la souplesse, de l'agilité et de l'adresse; augmentation de la vigueur.

Équilibre des fonctions organiques et, par conséquent, conservation de la santé.

Redressement des défauts physiques et des habitudes vicieuses, etc., etc., etc.

Ces effets de la gymnastique ne se bornent pas seulement à l'homme physique, ils perfectionnent encore l'homme moral, par l'éducation des organes des sens.

Par la juste appréciation de ses forces, la gymnastique donne, au sujet la conscience de ce qu'il peut faire, et le porte à éviter les deux extrêmes de timidité et de témérité.

Enfin, la gymnastique donne à la société des hommes sains, vigoureux, adroits, supérieurs à la crainte, aux dangers, et toujours disposés à se dévouer pour secourir leurs semblables, lorsque leur vie est menacée.

Ces immenses résultats devraient bien, d'une part, engager le gouvernement à faire entrer, dans le plan de l'éducation publique, l'enseignement de la gymnastique ; et, d'autre part, à protéger, à encourager et à soutenir par des récompenses, les établissements gymnastiques particuliers qui s'élèvent dans les villes et qui croûlent, très-souvent, faute d'élèves et de moyens.

EXERCICES PASSIFS

Les exercices passifs présentent un autre ordre de phénomènes : les membres sont condamnés au repos, le mouvement est communiqué au corps par une cause extérieure ; alors, les muscles, se trouvant dans l'inaction, ne détournent plus , à leur profit, une aussi grande quantité de sucs nutritifs comme dans les exercices actifs. Toute l'activité vitale se manifeste dans le parenchyme des viscères et surtout dans le tissu cellulaire, où la graisse s'accumule peu à peu ; c'est pour cela que ces exercices sont très-favorables aux constitutions sèches, nerveuses et aux convalescents.

L'exercice de la **voiture** imprime une certaine vigueur aux organes, sans accélérer notablement leurs fonctions. Les mouvements de la voiture facilitent la digestion et l'assimilation des sucs nutritifs, sans occasionner de perte par la transpiration pulmonaire et cutanée. Tous ceux qui ont voyagé en diligence ont été à même d'observer après un repas copieux, que les mouvements de la voiture activaient non-seulement la digestion, mais *creusaient* encore l'estomac, excitaient les appétits les plus paresseux et disposaient à manger beaucoup ; d'où il résulte que les hommes faisant le métier de conducteurs de diligence deviennent, au bout de quelques années, gras et replets.

L'exercice de la voiture convient à tous les âges, mais particulièrement à l'enfance et à la vieillesse ; il est un excellent moyen hygiénique pour abréger les convalescences difficiles, pour réveiller les fonctions assimilatrices languissantes et rendre au tube intestinal l'activité qu'il a perdue.

La **navigation**, selon qu'elle a lieu en mer ou sur l'eau douce, produit des effets différents. Sur une barque, doucement entraînée par le courant du fleuve, l'homme n'éprouve aucune secousse, aucune sensation pénible ; il en est de même sur la surface tranquille du lac ; poussée par les rames, la nacelle glisse légèrement sans que les organes ressentent rien de pénible. Cet exercice n'a donc, pour celui qui reste inactif, que le mérite de la distraction ; pour celui qui rame, il sollicite la contraction des muscles et rentre dans la catégorie des exercices actifs.

La navigation sur mer. comme partie de plaisir. a ses avantages et ses inconvénients ; parmi ses avantages, on doit citer l'impression causée par la vue de cette immense nappe d'eau, qui bleuit à l'horizon et semble se confondre avec le ciel ; les distractions du voyage, l'air plus frais et plus pur qu'on respire en pleine mer, etc., etc. Parmi les inconvénients, le plus notable est le mal de mer, mal affreux, caractérisé par le dégoût des aliments, les nausées, les vomissements convulsifs, par une indicible anxiété, par un abattement profond du physique et du moral. Tous ces accidents cessent d'eux-mêmes, aussitôt qu'on est redescendu à terre. Il est, cependant, des personnes qui, après le débarquement, éprouvent, quelque temps encore, un peu de malaise, un léger étourdissement qui ne tarde pas à se dissiper.

Des différents moyens proposés contre le mal de mer ou plutôt contre les vomissements, le meilleur est la *position horizontale*, sur le pont, au grand air :

car, si l'on se couche dans l'entrepont et les cabines, les odeurs de goudron, d'huile, de renfermé, etc., soulèvent le cœur et le malaise continue.

Exercices mixtes. c'est-à-dire tenant le milieu entre les exercices actifs et les exercices passifs: le jeu de bague. le vélocifère, mécanique ingénieuse qu'on enfourche comme un cheval et qui vous emporte, plus ou moins rapidement. selon l'impulsion qu'on lui donne: l'équitation, la balançoire, etc., etc..... Ces sortes d'exercices conviennent surtout aux personnes faibles ou convalescentes; néanmoins les jeunes personnes. dont le sang se porte avec force au cœur et aux poumons : celles qui éprouvent facilement des nausées. des vertiges, devront s'abstenir du jeu de bague et de l'escarpolette.

CHAPITRE XXIV

GYMNASTIQUE HYGIÉNIQUE, MÉDICALE ET ORTHOPÉDIQUE

La gymnastique médicale date d'une haute antiquité. Iccus de Tarente, et après lui, Hérodicus de
Sélymbre, réunirent les documents que leur fournit
la tradition, et donnèrent à la gymnastique une application plus rationnelle. Hérodicus ouvrit un
gymnase, le dirigea lui-même et acquit une grande
réputation pour les cures qu'il y opéra. Après lui,
vinrent Hippocrate, Proxagoras, Erasistrate, Asclépiade, Dioclès, Théon, Galien, Celse, Diotime,
Avicenne, Oribaze, etc., qui soumirent la gymnastique à des règles particulières et lui imprimèrent
de grands progrès.

La gymnastique *hygiénique* a pour but d'exercer
successivement tous les organes du corps, afin de
leur faire atteindre un complet développement ;
d'entretenir leur santé et leur vigueur. La gymnastique *médicale* ou *orthopédique* a pour objet la guérison de certaines affections, par défaut de vitalité,
ainsi que le redressement des déviations et déformations du corps. C'est particulièrement contre la
faiblesse musculaire que ces deux genres de gymnastique dirigent leurs moyens.

La faiblesse musculaire est générale ou partielle ; elle peut aussi tenir à la faiblesse du système osseux.

Dans le cas de faiblesse générale, les exercices doivent embrasser l'ensemble des muscles du corps ; dans le cas de débilité partielle, c'est-à-dire d'un côté du corps, il faut exercer des muscles du côté opposé. La faiblesse du système osseux se traite par l'alimentation et une gymnastique spéciale.

Règle générale. — Avant de se livrer aux exercices de gymnastique, il est de toute rigueur de se débarrasser des vêtements ou pièce de vêtement qui pourraient gêner les muscles dans leurs mouvements. Les jeunes filles doivent donc se présenter au gymnase sans corset.

La gymnastique hygiénique et médicale puise la plupart de ses exercices dans la gymnastique proprement dite ou *somascetique;* les autres exercices peuvent se résumer ainsi :

EXERCICES DES BRAS.

1

Les deux bras sont dans leur position naturelle, le long du corps, les pouces en dehors. On les élève horizontalement jusqu'à hauteur des épaules, et on les abaisse alternativement. Ces mouvements mettent en jeu les muscles de la poitrine et des épaules. On varie ces exercices en pliant les bras et ramenant les mains sur le moignon de l'épaule; en faisant des mouvements de pronation et de supination. etc., et en exécutant la même série de mouvements avec des poids de quelques livres dans les mains.

2.

Balancer les deux bras ensemble, d'avant en arrière, en ouvrant et fermant les mains.

3.

Lever les bras au-dessus de la tête, les plier, les renverser sur la tête, de façon que la main droite se trouve en face de la tempe gauche, et la main gauche en face de la tempe droite.

4.

Lancer les bras en avant et en arrière, les ramener en avant, plier le coude et toucher avec la main le derrière de l'épaule du même bras. Cet exercice se fait avec un bras, puis, avec les deux bras ensemble.

5.

Exécuter avec les bras des mouvements circulaires horizontaux, comme si l'on nageait ; ces mouvements seront serrés d'abord, puis très-larges en écartant les bras dans tout leur diamètre. — Combiner ces mouvements avec le mouvement rotatoire des deux poings, comme si l'on pelotait une ficelle. Exécuter le mouvement circulaire de droite à gauche, et de gauche à droite.

6.

Exécuter avec un seul bras le mouvement rotatoire latéral, autrement dit, imiter le mouvement de roue. Exécuter le même mouvement avec les deux bras ensemble.

7.

Exercice de la baguette.

Tenir, devant la poitrine, la baguette par ces deux

bouts, la faire passer au-dessus de sa tête; lorsqu'elle est arrivée au niveau des épaules, la porter jusqu'au bas des reins, et, sans quitter prise, lui faire parcourir le même trajet, pour la ramener devant la poitrine.

8.

EXERCICE DU TORSE.

Fléchir le corps en avant et sur les côtés; le balancer alternativement pour donner de la souplesse à la colonne vertébrale.

9.

Plier le corps dans l'attitude du *Tireur d'épine*, qu'on admire dans t us les musées.

10.

S'asseoir sur un plan horizontal, rapprocher les talons de manière qu'ils se touchent et se lever rapidement sans le secours des mains.

Les *exercices des jambes* ont été précédemment décrits aux articles promenade, course, saut et danse.

Nous ferons observer que les exercices des bras nécessitent l'action de certains muscles du torse pour se tenir en équilibre. Dans les excercices des jambes certains muscles du torse entrent également en action.

On reconnaît généralement aujourd'hui, que la gymnastique médicale est un excellent moyen pour prévenir ou corriger les directions vicieuses du système osseux, l'altération, l'imperfection des formes et beaucoup d'autres affections dont la cause existe dans la faiblesse musculaire et la débilité générale. On est étonné des succès inespérés que cette gymnastique obtient, chaque jour, dans les bons établissements orthopédiques. Pour notre compte, nous avons vu une jeune fille, affligée d'une déviation très-prononcée de la colonne vertébrale, et qui marchait courbée, contrefaite, sortir, au bout de quelques mois, d'un de ces établissements, guérie de son infirmité et marchant parfaitement droite. La médecine gymnastique avait opéré cette cure par le seul exercice des faisceaux musculeux qui languissaient dans un état voisin de l'atrophie.

La faiblesse et le relâchement des muscles, d'un côté du cou, font souvent pencher la tête à certains enfants; rien n'est plus simple que d'y porter remède : l'exercice de natation, dit la *brasse*, répété pendant huit à dix jours, suffit, ordinairement, pour rendre la vigueur aux muscles cervicaux et relever la tête. Nous devons le dire, à la louange de plusieurs orthopédistes et gymnasiarques, il se fait, dans leurs établissements des cures miraculeuses.

Le docteur Pravaz, praticien habile pour tout ce qui concerne les déviations vertébrales et autres déformations du corps humain, a publié un savant mémoire sur les moyens les plus propres à opérer la rénovation des organes et à réconforter les constitutions débiles. Sa méthode, qu'il nomme *entraînement hygiénique*, par opposition à l'entraînement athlétique, usité chez les Anglais pour les boxeurs, peut se résumer ainsi :

1° L'art peut féconder les forces médicatrices de la nature, en dirigeant ou activant la nutrition sur tel ou tel organe ;

2° Parmi les moyens accélérateurs de la nutrition, l'air atmosphérique condensé est un des plus puissants. parce qu'il jouit de la double propriété de favoriser l'assimilation d'une plus grande quantité de sucs nutritifs et d'éliminer les matériaux devenus impropres à la nutrition.

3° Un léger exercice, parfaitement dirigé aux heures de la réparation alimentaire, l'inspiration quotidienne de l'air condensé et les affusions, sur la partie déformée, d'eaux minérales froides ou tièdes, selon la saison, constituent l'ensemble des moyens que l'organoplastie peut employer avec le plus de succès.

Cette méthode est rationnelle, car la plupart des déformations du corps étant produites par un défaut d'harmonie, entre le développement du système osseux et celui du système musculaire, l'indication fondamentale est de favoriser, par une riche hématose, la production de la fibrine qui fait les muscles et la sécrétion des sels terreux qui donnent aux os leur solidité.

Lorsque, par une coupable négligence des parents, le sujet a grandi avec une difformité, avec une déviation osseuse : il arrive souvent que la gymnastique médicale ne suffit plus pour opérer le redressement des parties déviées ; alors, il est de toute nécessité de recourir aux appareils et manipulations orthopédiques. Plusieurs mécaniciens habiles se sont livrés à la fabrication de ces appareils ; nous citerons, parmi eux, MM. Charrière et L. Bien-Aimé, orthopédistes en réputation pour le perfectionnement de leurs ingénieux appareils, dont un grand nombre de médecins et chirurgiens se servent avec le plus grand succès.

Malgré l'utilité théoriquement et pratiquement reconnue de la gymnastique comme moyen de développer la force musculaire, de combattre les difformités naissantes et de ramener à la santé les sujets valétudinaires, il faut le dire, cette partie essentielle de l'éducation physique n'a pas eu, en France, une application assez générale. Le gouvernement, qui a déjà beaucoup fait, devrait exiger que la gymnastique s'étendît à tous les points de la sphère universitaire, c'est-à-dire depuis les collèges nationaux jusqu'aux écoles primaires; alors, la jeunesse et le pays y gagneraient énormément.

Les anciens législateurs, qui travaillaient si assidûment à procurer à l'État des citoyens robustes, attachaient la plus sérieuse importance à l'éducation physique des jeunes filles, comme destinées à perpétuer une génération saine et vigoureuse; et cette éducation, sagement dirigée, avait de si merveilleux résultats, qu'aujourd'hui nous regardons comme idéal cet ensemble harmonieux des formes, cette beauté majestueuse des marbres antiques, copies fidèles de la nature vivante de ces époques.

Sans être de ceux qui vont criant que les hommes d'aujourd'hui sont dégénérés, nous sommes cependant obligés d'avouer que les populations des grandes villes sont physiquement inférieures à celles d'autrefois. L'état d'indolence et d'inertie auquel nos usages condamnent la plupart des jeunes filles de la classe élevée; les travaux des manufactures auxquels sont forcées les jeunes filles de la classe pau-

vre, et pendant lesquels elles conservent une position assise, accroupie, courbée. plus ou moins gênante, ne peuvent que retarder le développement
des organes et s'opposer à la régularité des formes.
Malgré les règlements de police sur le travail des
enfants du prolétaire, on demande à ces frêles créatures plus que leurs forces ne peuvent donner. On
les envoie, dès l'âge le plus tendre, travailler dans
des ateliers sombres et humides, et ce travail se prolonge quelquefois au delà de douze heures par jour !
Ces pauvres enfants, victimes de l'avarice des manu-
facturiers ou de la misère des parents, et n'ayant,
pour se soutenir, qu'une nourriture de mauvaise
qualité et souvent insuffisante, usent peu à peu leurs
forces naissantes ; le développement du corps est
retardé, et l'organisation, ne pouvant arriver à son
degré normal, ne fournit que des êtres chétifs. Ajoutez à cela les privations et les vices d'une vie misé-
rable, et vous aurez la raison de cette dégradation
physique dans les grandes villes. Cette classe d'individus plus ou moins languissants, transmettent
à leur progéniture les vices de leur constitution dé-
labrée, et ceux-ci donnent des fruits plus chétifs encore ; de là. cette foule d'êtres contrefaits, difformes,
cacochymes, couvert de gibbosités ou d'infirmités
dégoûtantes, qui circulent dans les capitales et ré-
pugnent à voir. Ainsi, va s'abâtardissant de jour en
jour la race moderne, qui, en bonne conscience, ne
saurait être comparée à cette belle et forte race que
formèrent les sages lois de Lycurgue et de Solon ;
et, cependant, nous ne croyons pas qu'il soit impossible de donner aux jeunes gens d'aujourd'hui la

vigueur et la beauté des hommes d'autrefois (1).
Si la civilisation actuelle mettait autant de soins à
améliorer la race humaine qu'elle en apporte à perfectionner les races d'animaux utiles, sans nul doute
l'homme arriverait, en peu de temps, au type grec
et romain ; l'on verrait disparaître des villes ces tristes avortons qui ne viennent à la vie que pour souf-
frir, inspirer le dégoût ou la pitié, et, avant le terme
naturel, aller engraisser la terre de leur triste dé-
pouille.

Il est réellement honteux, pour une capitale qui
se pose à la tête de la civilisation moderne, de voir
circuler dans ses rues une foule de malheureux
plus ou moins difformes ; il est fort désagréable aux
étrangers qui viennent pour admirer le luxe et la
splendeur parisienne, de se heurter à tous moments
sur les trottoirs, à des êtres gibbeux, boiteux ou
contrefaits. Quand donc viendra le jour où le gouvernement, qui encourage avec tant de générosité
le perfectionnement de la race chevaline, fera quelque chose pour la race humaine ? Car, s'il est utile
d'avoir de beaux et de bons chevaux, nous pensons
qu'il l'est encore davantage d'avoir des hommes
bien bâtis, vigoureux et pleins de santé.

Il serait moins difficile qu'on pourrait le croire,
je ne dis pas de faire disparaître complétement,
mais de diminuer le nombre des individus contrefaits. Pour cela, il faudrait d'abord reviser les lois
du mariage, qui pèchent en bien des points ; il fau-

---

(1). Voyez le chap. PROCRÉATION de l'*Hygiène du Mariage*,
où sont exposés les principes calligénésiques d'une haute importance,
pour obtenir de beaux et de vigoureux enfants.

drait veiller à la stricte exécution des ordonnances
de police sur le travail des enfants, dont la durée,
comme nous venons de le dire, dépasse leurs forces
et arrête leur développement physique. Il faudrait,
en outre, fonder des établissements orthopédiques
dans les quartiers les plus populeux, et les médecins de ces quartiers, reconnus par le gouvernement, pourraient, avec l'autorisation des parents, y
faire entrer gratis les enfants contrefaits. Comme il
y a beaucoup de parents à qui il répugne- de voir
entrer leurs enfants à l'hôpital, et qui, dans leur
sollicitude mal éclairée, préfèrent les voir grandir
autour d'eux avec leurs difformités, les médecins
auraient la faculté de faire des bons pour les divers
bandages ou appareils orthopédiques nécessaires, et
les appliqueraient ou les feraient appliquer aux enfants, qui retourneraient ensuite dans leurs familles.
Si l'on objectait qu'on donne aujourd'hui des bandages gratis aux indigents, je répondrais que c'est
une exception ; car je puis certifier m'être bien des
fois arrêté à regarder, avec pitié, des enfants difformes, et, lorsque je disais à la mère qu'il était facile
de faire redresser son enfant, qu'on en guérissait de
plus maltraités que le sien, elle me répondait :
« Hélas! je le voudrais bien, mais mes moyens ne
me le permettent pas; c'est tout au plus si j'ai du
pain pour nourrir ma famille. Il n'y a que les enfants des riches qui sont redressés, ceux du pauvre
doivent rester tordus. » Évidemment, si l'on offrait
aux mères pauvres de traiter sans frais leurs enfants
difformes, il n'en est pas une qui n'acceptât avec
reconnaissance. Je ne prétends pas dire que le

moyen proposé ferait disparaître tous les êtres contrefaits et infirmes ; mais, j'ai tout lieu de croire
qu'il en diminuerait considérablement le nombre.
Ce serait, ainsi que nous l'avons déjà dit, un bien-
fait pour l'humanité et un profit pour l'État.

Revenons à la gymnastique, dont les moyens sont
réellement merveilleux pour donner la santé et la vigueur, aux constitutions faibles ou détériorées. Afin
de rendre cette vérité plus sensible, nous rapporterons l'étonnante métamorphose opérée par le gymnasiarque Clias, professeur à l'Académie de Berne,
sur un sujet débile et voué à une mort certaine.

« Un enfant, parvenu à l'âge de trois ans, pouvait
à peine se soutenir ; à cinq ans, sa progression était
si imparfaite, qu'on était obligé de l'aider avec les li-
sières pour lui faire faire quelques pas ; ce ne fut
qu'après sa dentition de sept ans, qu'il commença à
marcher sans soutien ; mais il tombait fréquemment
et ne pouvait se relever. Abandonné des médecins
il parvint jusqu'à dix-sept ans restant presque toujours couché, car les membres inférieurs ne pouvaient supporter le poids du corps : les bras étaient
d'une faiblesse extrême et collés sur le tronc ; le
rapprochement des épaules comprimait la poitrine
et gênait la respiration ; les facultés morales se trou-
vaient complétement engourdies ; la puberté ne s'é-
tait manifestée par aucun signe.

« Cet infortuné fut présenté à M. Clias par plusieurs de ses élèves, qui le supplièrent de le recevoir
dans son gymnase ; il y consentit. A son admission
le professeur mesura les forces de son nouvel élève ;
la pression des mains, appliquées au dynamomè-

tre, égalait à peine celle d'un enfant de sept ans ; les forces de traction, d'ascension et d'élan étaient nulles.

« Il ne pouvait, qu'avec une peine infinie, faire une cinquantaine de pas, et s'affaissait ensuite. Un poids de dix livres, placé sur ses épaules, le faisait chanceler, et un enfant de six ans le renversait avec facilité.

« Après avoir été soumis, seulement pendant cinq mois, au régime du gymnase, la force de pression de ses mains égalait cinquante ; il s'élevait à plusieurs pouces de terre avec ses bras, et restait ainsi suspendu la durée de quelques secondes ; il sautait trois pieds en largeur, parcourait cent soixante-trois pas dans une minute, et, dans le même espace de temps, portait un poids de trente-cinq livres sur ses épaules.

« Deux ans après, cet être, naguère si débile, devenu un vigoureux jeune homme, grimpa, en présence de plusieurs milliers de spectateurs, jusqu'au haut d'un câble isolé : il répéta la même manœuvre au mât de cocagne, franchit, avec élan, huit pieds en longueur, et parcourut cinq cents pas en deux minutes. Maintenant, il fait ses trois lieues à l'heure, sans gêne ni fatigue ; les exercices du gymnase ont fait succéder à une maigreur affreuse, un embonpoint convenable et une robuste santé. »

Parmi les gymnases orthopédiques de Paris, on distingue celui de M. Pinette, près le jardin du Luxembourg. Guidé par de profondes connaissances, M. Pinette fait chaque jour d'heureuses applications de son art au redressement des difformités humaines.

Nous citerons aussi le gymnase du docteur Tavernier, établissement très-remarquable au point de vue orthopédique. Cet habile professeur a publié une intéressante brochure où sont relatés les beaux résultats qu'il a obtenus dans son gymnase ; il prévient les déformations osseuses, en faisant jouer les forces musculaires, lorsque la difformité résulte d'un étiolement par défaut d'exercice ; il combat les déviations en opposant levier à levier, en exagérant l'action des muscles faibles et affaiblissant celle des muscles trop forts, cause ordinaire des déviations ; il vous montre l'adulte chétif et contrefait, à son entrée au gymnase, et en ressortant parfaitement redressé, souple et plein de vigueur. Nous pensons, comme lui, que la gymnastique, convenablement dirigée, est appelée à restituer à notre race dégénérée, cette beauté de formes, cette puissance musculaire et cette santé robuste qui caractérisaient les hommes des temps héroïques.

Déjà, depuis longtemps, des voix éloquentes et nombreuses se sont élevées en faveur des gymnases, et ont démontré qu'une distribution bien entendue des exercices physiques et intellectuels, était de la plus haute importance dans les pensions d'adolescents des deux sexes. Messieurs les directeurs et professeurs de collége, et mesdames les directrices d'institution, devraient se pénétrer de cette vérité, qu'il est dangereux de contrarier la nature, dans son travail matériel, par des études intellectuelles difficiles ou trop longtemps soutenues. — La jeunesse a besoin de sauter, de jouer, d'agir incessamment pour favoriser les mouvements de la séve qui circule dans ses organes; la position assise, le repos ou le travail de tête prolongé lui sont également contraires. A cet âge, les heures de récréation doivent être longues, et celles d'étude très-courtes ; les maîtres devraient exciter aux exercices gymnastiques les enfants qui, par une émulation intempestive, étudient au lieu de jouer; ils devraient savoir qu'en général les enfants trop studieux ont une santé chétive et chancelante; que les enfants joueurs se font remarquer par leur pétulance et leur belle santé.

O instituteurs! respectez les lois physiologiques, laissez le corps franchir le passage difficile de la puberté; alors, vous pourrez exciter, sans danger, l'émulation de vos jeunes élèves aux travaux de l'intelligence; alors, vos leçons seront mieux comprises, et les fruits de l'étude beaucoup plus abondants. Rappelez-vous que les enfants d'Athènes et de Rome étaient tenus de fréquenter les gymnases tous les jours; et n'oubliez pas que, de ces deux cités, sortirent les plus grands hommes de l'antiquité.

Conclusion. — Les effets d'une bonne éducation physique ne se bornent point au corps seulement, ils retentissent encore sur les facultés intellectuelles; ces effets ne se bornent point à une seule génération, mais ils se continuent chez les descendants, puisque les enfants se ressentent toujours des qualités, bonnes ou mauvaises, de la constitution de leurs parents.

Des parents sains engendrent ordinairement des enfants sains. Des parents faibles ou valétudinaires procréent des enfants qui leur ressemblent. Nous avons la conviction que si les parents mettaient en pratique et faisaient pratiquer à leurs enfants les préceptes hygiéniques contenus dans notre petit ouvrage, et si cette méthode se généralisait en France, nous avons l'intime conviction qu'il en résulterait d'immenses améliorations, dans la constitution physique des habitants des cités. Les maladies héréditaires s'éteindraient peu à peu, les maladies acquises deviendraient plus rares, la population entière serait plus saine, plus vigoureuse, et peut-être plus morale.

CHAPITRE XXV

DE LA PHYSIOGNOMONIE ET DE SES BASES.

Dans nos divers ouvrages traitant de la beauté physique : *Hygiène des Cheveux; — Hygiène du Visage et de la Peau; Hygiène des Pieds et des Mains, de la Poitrine et de la Taille; — Hygiène de la Voix;— Hygiène du Mariage*, nous avons exposé les signes physiognomoniques fournis par chaque région, chaque partie et chaque trait du corps; nous terminerons cet ouvrage par des aperçus qui donneront au lecteur une idée nette de la physiognomonie, et le mettront à même d'en faire une application facile.

La **physiognomonie** est l'art de connaître l'homme intérieur par l'homme extérieur, c'est-à-dire d'arriver à une juste apréciation de ses facultés, de ses sentiments et passions, par les signes, les qualités, les mouvements de son visage et des autres parties de son corps; par son langage, ses gestes, son regard et toutes ses actions.

Depuis Aristote et Pline jusqu'aux immortels travaux de Lavater, et depuis ce dernier jusqu'à nos jours, l'immense série d'observations et d'applications physiognomoniques, faites par une foule de savants, ne laissent aucun doute sur la réalité de cet art. Mais, pour que le lecteur puisse en acquérir la conviction, nous lui découvrirons les bases solides sur lesquelles l'art physiognomonique est assis.

Il est désormais avéré que les idées, sentiments, passions et déterminations ne peuvent avoir lieu sans être accompagnés de mouvements, dans les fluides et solides de l'individu, d'où il résulte que rien ne peut se passer à l'intérieur, sans qu'il y ait réflexion, plus ou moins sensible, à l'extérieur. Nos facultés actives ont, à l'intérieur, des foyers où elles se développent, et, à l'extérieur, d'autres foyers correspondant aux premiers. Ces seconds foyers, tels que les yeux, la bouche, le front, etc, sont autant de miroirs où les impressions morales viennent se réfléchir.

Pour bien étudier les signes physiognomoniques d'une passion, il faut choisir des sujets chez lesquels ces signes se montrent très-apparents, par la raison que les mouvements extérieurs étant proportionnels aux mouvements intérieurs, l'énergie des premiers doit se trouver en rapport avec l'énergie des seconds.

Une fois que ces signes seront parfaitement connus, si l'on rencontre des sujets qui les offrent, il deviendra facile d'inférer qu'ils possèdent, à tel degré, telle heureuse faculté, telle bonne qualité, ou qu'ils sont enclins à tel ou tel vice, selon l'énergie des signes. La succession et la réciprocité des mouvements vitaux, la sympathie ou retentissement d'un organe à l'autre, ne permettent pas de méconnaître ces relations intimes, qui existent entre le physique et le moral.

Pendant la première jeunesse, les organes et les tissus étant doués de souplesse et d'une grande élasticité, les signes passionnels, résultant des contractions musculaires, s'effacent aussitôt que le stimulant cesse d'agir; mais, à un âge plus avancé, ces contractions, étant souvent renouvelées, les traits tirés par elles reviennent plus difficilement sur eux-mêmes; une légère empreinte commence à se montrer. Bientôt les rides se forment, et, en peu de temps, des sillons indélébiles se creusent sur la peau du visage. Alors, c'est en vain que l'égoïste et l'avare cherchent à faire croire à leurs libéralités, à leur dévouement; que l'être vicieux parle de ses vertus; le poltron de son courage; l'orgueilleux de sa modestie; l'histoire de leur vie est ineffaçablement écrite sur leur face; le physionomiste y lit toutes les hontes, toutes les turpitudes, toutes les basses passions qui les ont dévorés et dégradés.

Les oppositions et comparaisons de forme, d'expression, d'allure, de mouvements de certains animaux avec la physionomie et les actions de l'homme, fournissent des indications très-précieuses que Camper a parfaitement démontrées. Ainsi, il est rare que les hommes, dont la physionomie a quelque rapport avec celle du tigre, du lion, du bouc, du singe, du mouton, etc., n'offrent pas des penchants qui se rapprochent des instincts de ces animaux. Étudiez cet individu à la figure de chat, vous le trouverez hypocrite et perfide; cet autre, à la figure de renard, sera fin, rusé, trompeur. — Le cri retentissant de l'âme ressemble assez à ces grands éclats de voix de certains orateurs, dont la seule éloquence

réside dans la force de leurs poumons. Les mouvements du dindon, faisant la roue, peuvent aussi être
comparés aux mouvements ciculaires de ces fats
insipides qui mendient, sur les boulevards ou dans
les soirées, une sotte admiration et quelques ap-
plaudissements pitoyables.

Ainsi donc, d'après les démonstrations qui précè-
dent, la valeur réelle des signes physiognomoniques
ne saurait être révoquée en doute ; mais, il ne serait
ni sage ni rationnel de croire à leur infaillibilité, et
de juger, en dernier ressort, des qualités bonnes ou
mauvaises des individus, de leur accorder ou de
leur retirer sa confiance sur l'autorité de quelques
signes. Sans doute, la physiognomonie apprend à
connaître assez vite les personnes qu'on fréquente,
sans être obligé d'attendre l'expérience ; elle découvre ou fait pressentir leurs qualités bonnes ou mauvaises, leurs penchants au bien ou au mal. Néanmoins, on ne doit jamais asseoir son jugement sur
un seul signe, car plusieurs signes sont nécessaires
pour tirer une conclusion, et encore ne conclura-
t-on pas de ces signes aux intentions dernières, mais
seulement aux penchants et inclinations qui déri-
vent de l'organisation générale.

Telle est la réserve qu'on doit mettre dans l'induction physiognomonique pour éviter les regrets
inséparables de l'erreur.

TABLEAU RÉSUMÉ

DES SIGNES PHYSIOGNOMONIQUES.

A l'exemple des sculpteurs et peintres, nous diviserons le corps humain en trois régions : la *tête*, le *tronc* ou torse, et les *membres* ou extrémités.

TÊTE.

Grosse tête.—Annonce un sujet paresseux, dormeur, sot, entêté. — *Petite tête sur un grand corps :* imagination vive, ardente, colorée ; jugement sain, esprit plus brillant que solide , caractère irascible, emporté, indocile — *Tête moyenne :* jugement sain ; imagination médiocre ; caractère égal, posé, esprit sage, réfléchi.

Un petite tête, bien conformée, vaut mieux qu'une grosse tête, disproportionnée avec le reste du corps. On regarde comme bien conformée une tête oblongue, convexe à la région frontale et occipitale, un peu aplatie sur les tempes, et offrant une forme ovalaire dans sa coupe horizontale. En général, la convexité des régions antérieure et postérieure de la tête est un signe de vivacité d'esprit et d'un caractère ardent, d'une brillante imagination ; l'aplatissement et la concavité de ces régions indiquent un esprit moins vif, mais un jugement rassis, un caractère égal et modéré.

Port de la Tête. — *Roide sur le cou, jetée en arrière :* jugement faible, caractère opiniâtre, arrogant, emporté.— *Baissée :* lenteur, paresse, timidité, esprit méditatif. — *Droite :* jugement sain, caractère égal, ferme sans dureté.

Face. — *Large et plate :* paresseux, idiot, stupide. — *Très-petite et convexe :* vif, mobile, rusé, querelleur. — *Large et carrée :* caractère faible, peu d'esprit. — *Ronde* : esprit inventif; caractère emporté, colère. — *Ovale* : jugement sûr, caractère égal.

Front. — *Plat et disproportionné* : esprit lent, paresseux. — *Petit et convexe* : esprit vif, caractère prompt et emporté. — *D'une grandeur médiocre* : spirituel, généreux. — *Ridé, refrogné :* pensif, soucieux, avare, ambitieux. — *Bas* : rusé, hypocrite, méchant. — *Poli* : spirituel, flatteur. — *Proéminent* : imagination vive; esprit profond. — *Raboteux* : esprit tortu, caractère rugueux, âpre, mauvaises mœurs.

Tempes. — *Convexes* : peu d'esprit. — *Légèrement caves* : esprit délié, ouvert. — *Velues :* lascif, gourmand. — *Sillonnées de veines* : caractère prompt à s'emporter.

Sourcils. — *Arqués, larges, épais et se touchant :* orgueilleux, colère, entêté, audacieux. — *Petits et fin* : esprit timide. — *Horizontaux et minces* : caractère gai, ouvert, esprit agréable et délié.

Paupières. — *Longues, épaisses :* peu d'activité, dormeur. — *Grosses, ridées* : esprit lourd, effronté. — *Très-mobiles:* caractère timide; esprit versatile.

Yeux. — *Grands et langoureux* : caractère bon et confiant; esprit médiocre. — *Petits et petillants :* esprit plein de verve; caractère vif, beaucoup d'activité et de pénétration. — *Moyens et brillants :* bon cœur, esprit sage, âme généreuse. — *Très-saillants:* beaucoup de mémoire; peu de jugement; caractère faible. — *Petits et enfoncés :* esprit fort; caractère énergique. — *Gros et larmoyants* : faiblesse d'esprit, perfidie, sensualité. — *Bien fendus, secs et brillants:* orgueilleux, emporté, opiniâtre; imagination forte.

26

— *Taillés en amandes et un peu humides :* cœur aimant, langoureux, esprit facile ; caractère faible et
bienveillant. — *Ternes et blanchâtres :* esprit paresseux, timide ; cœur froid, égoïste. — *Gris :* esprit solide ; caractère obstiné. — *Rouges :* ambitieux, avare,
ivrogne, brutal. — *Noirs, étincelants :* spirituel,
courageux, téméraire. — *Bleus :* excellent cœur,
caractère doux ; esprit calme et confiant.

Prunelles. — *Très-larges :* esprit et caractère
faibles. — *Inégales :* esprit tortu, caractère bizarre.
— *Fixes :* esprit absorbé, contemplatif. En général,
les yeux qui se meuvent rapidement annoncent un
caractère vif ; ceux qui se meuvent lentement indiquent un esprit paresseux, un tempérament
lourd. Dans l'*Hygiène du Visage*, nous avons démontré, avec détail, que les mouvements de l'œil
décelaient les mouvements du cœur et de l'âme.

Oreilles. — *Très-petites :* timide, craintif. —
Très-grandes : peu d'intelligence. — *Rouges :* sensuel,
pudibond. — *Pâles :* dédaigneux, effronté. —
Détachées : doux et docile. — *Plates et collées sur le
crâne :* opiniâtre, indocile, peu aimable.

Nez. — *Grand et aquilin :* jugement sain, caractère
ferme. — *Long, en éteignoir :* esprit lent ; imagination
faible ; envieux, dépréciateur. — *Camard :* suffisant,
satirique, dédaigneux, caustique, railleur, imperti-
nent. — *Court, gros et rouge par le bout :* colère et
brutal. — *Très-petit, retroussé :* esprit moqueur,
inconstant, curieux, frivole, peu de caractère.

Narines. — *Larges et très-ouvertes :* arrogant,
emporté, sensuel. — *Longues et pointues :* esprit sub-

til et sagace ; caractère contentieux. — *Retirées en arrière et relevées :* petit esprit, dédaigneux, vain.

Bouche.—*Grande :* audacieux, intempérant, glouton. — *Petite :* sobre, timide. — *Un peu ouverte :* simple et naïf. — *Béante :* idiot, pusillanime. — *Lèvres fines, horizontales :* finesse d'esprit, bon naturel. — *Lèvres minces :* méchanceté, avarice.— *Épaisses, la supérieure avancée :* caractère lent, paresseux. — *Lèvre inférieure grosse et pendante :* penchants lascifs, esprit grossier. — *Commissures relevées :* caractère froid, dédaigneux. — *Lèvres en chevron peu brisé :* doux, tendre, compatissant. — *Arc de la bouche dont la convexité est tournée en bas :* caractère faux et vil.—*Lèvres pincées :* bourru, quinteux, caustique.

Dents. — *Serrées :* caractère dur, entêté. — *Longues et aiguës :* audacieux, vorace, colère. —*Petites, plates, séparées :* faible et timide.   .

Menton. — *Long :* bavard, indiscret, curieux. — *Rond :* doux et timide.— *Carré :* volonté ferme. — *Fourchu :* caractère aimable; esprit gai.

Barbe. — *Douce et luisante :* amoureux, tendre, sociable. — *Épaisse et noire :* jugement sûr, fermeté, vigueur. — *Rude, hérissée :* caractère roide, emporté, revêche, opiniâtre.

Cou. — *Gros et court :* esprit grossier; caractère brutal. —*Long et mince :* rusé, spirituel. —*Sillonné de grosses veines :* emporté, fougueux. — *Roide :* revêche, dur, opiniâtre. — *Penché en avant :* pensif, triste ou timide.

Les lignes horizontales du visage indiquent généralement l'équilibre, l'harmonie du physique et du moral; un esprit posé, un jugement sain, des passions douces. Au contraire, les lignes arquées, tortueuses, décèlent un caractère hautain, fier, dédaigueux, difficile, opiniâtre. Les lignes arquées et dont la convexité est tournée en bas, désignent un naturel timide, un esprit rusé, un caractère faux.

Les visages empreints de timidité, de douceur, de finesse, et dont les muscles ont beaucoup de mobilité, se rapprochent du sexe féminin. Les visages qui sont fortement sculptés, dont les traits ont quelque chose de rude et d'énergique, se rapprochent du sexe masculin.

Une circonstance essentielle dans l'étude de la physiognomonie, c'est l'observation suivie des relations et rapports qui existent entre certains traits et certaines formes. Ainsi, telle espèce de nez s'accorde parfaitement avec telle partie secrète ; telle lèvre avec telle autre ; telles mains avec tels pieds, et *vice versa :* en sorte qu'un observateur exercé peut, en classant les diverses formes visibles, propres à chaque partie du corps, deviner à peu près la forme des parties qu'il ne voit point. Par exemple, les sujets qui, dans leur jeunesse, ont un nez long et aquilin, se font remarquer, plus tard, par la longueur de leurs jambes et de leurs pieds, quelquefois de leurs mains. Il existe des physionomistes qui, en examinant, par derrière, une femme marcher, connaissent, à peu de différence près, la conformation des traits de son visage et de sa poitrine.

TRONC OU TORSE.

Tronc. — *Carré, large à sa base :* fort, robuste,

courageux. — *Bombé sur le devant, poitrine ailée :* esprit délié, tête active, penchants amoureux, santé faible. —*Étroit à sa base :* fatuité, sottise.

Épaules. — *Larges et fortes :* constant, ferme, énergique.— *Étroites et petites :* faible, timide, rusé; imagination vive.

Poitrine. — *Large et carrée :* esprit solide, caractère ferme. — *Étroite et resserrée :* rusé, timide, amoureux. — *Charnue :* paresseux, lent, caractère indécis; esprit féminin. — *Velue :* tempérament chaud, enclin à l'amour physique.

Côtes. — *Épaisses et larges :* force physique, courage, fermeté de caractère.— *Étroites et faibles:* timide, efféminé. — *Proéminentes :* indiscret, bavard.

Mamelles. — *Grasses, pendantes :* mou, efféminé; timidité, poltronnerie. — *Hautes et fermes :* vivacité, courage, fermeté.

Ventre. — *Large et plat :* jugement sain, force de caractère.— *Étroit :* prévoyant, timide.— *Gros :* gourmand, intempérant, bavard. — *Velu :* tempérament chaud, voluptueux, lascif.

MEMBRES OU EXTRÉMITÉS.

Les extrémités musculeuses et tendineuses, solidement articulées, annoncent la force physique ; lorsqu'elles sont courtes, charnues, arrondies, elles dénotent un caractère timide.

Jambes. — *Grêles et nerveuses :* penchants amoureux. — *Petites, arrondies :* mollesse, timidité. — *Mollet haut et carré :* force, courage.— *Bas et allongé :* faiblesse, pusillanimité.

Mains et Pieds. — *longs, larges, carrés, fortement articulés :* caractère ferme, esprit solide. — *Courts, étroits, arrondis :* cœur et esprit faibles. — *Doigts effilés :* douceur, générosité. — *Doigts noueux et crochus :* égoïsme, avarice, usure; âme vile et grossière.·

SIGNES OFFERTS PAR LA PEAU.

Couleur. — **Teint.** — Un grand nombre de physionomistes ont observé, dans l'échelle humaine, que la *transparence des chairs et la pureté du teint* annonçaient un caractère ouvert, un esprit gai, d'heureux penchants; qu'au contraire une *couleur sombre,* un *teint jaunâtre, plombé,* annonçaient un esprit sérieux, concentré; un caractère chagrin, sombre et pensif. Cela nous semble conforme à la vérité, car les passions compressives : la crainte, la colère, la haine, la jalousie, l'envie, etc., altèrent ou effacent ces fraîches couleurs, apanage de l'enfance et qu'entretiennent les passions expansives. On sait que la *fraîcheur du teint* et la *souplesse de la peau,* indices de santé, de jeunesse, disparaissent devant les passions tristes, la maladie et la vieillesse. — Une couleur *blafarde,* inanimée, indique un défaut d'énergie physique et morale. — Une couleur *gros-rouge,* sur toute la face, décèle un naturel violent, emporté, ou la passion du vin. — Les *changements de couleur, prompts et fréquents,* sont le signe d'un esprit mobile, précipité, d'une grande vivacité de caractère, et de sensations aussi vives que rapides. Chaque passion ayant sa couleur et sa teinte, si une personne change promptement et souvent de couleur, c'est une preuve qu'elle change fréquemment de passions et de résolution.

La *finesse*, là *douceur* et le *poli* de la peau annoncent un caractère doux, un esprit liant et facile. — La *rudesse* et les *inégalités* de la peau indiquent un esprit âpre, révêche ; un caractère fort inégal.

Les plis et sillons de la peau fournissent des signes très-caractéristiques ; ainsi les *plis horizontaux* sont propres aux esprits sages, modérés, aux naturels bons et tranquilles.

Les *plis obliques et tortueux*, qui se croisent comme des hachures, révèlent un esprit rusé, versatile, irrésolu, plus subtil que juste ; tels sont les courtisans et ceux qui leur ressemblent. Ils ont beau dissimuler leur naturel, le physionomiste aperçoit, dans ces plis, ce qu'ils ont été et ce qu'ils sont.

L'endroit où se forment les plis a beaucoup d'importance. En général, les *plis verticaux* sont de mauvais augure, surtout lorsqu'ils se trouvent à la base et à la racine du nez, aux commissures de la bouche, au-dessous des yeux et près de leur petit angle. Le *pli vertical* qu'on voit au coin de certaines bouches et qui se forme sous l'influence du rire et de la malignité, est toujours un mauvais signe. Les *plis horizontaux*, et particulièrement ceux du front, annoncent, au contraire, de bonnes qualités.

Les poils et cheveux, espèce de végétation animale, dont la peau est le champ, participent nécessairement des qualités du sol. — Les *poils rudes, redressés*, sont le signe d'un esprit âpre et difficile ; d'un caractère opiniâtre, dur et brutal. — Les *poils et cheveux doux* parlent en faveur de l'esprit et du caractère.

La *couleur foncée* du système pileux, ainsi que son abondance, indiquent généralement l'énergie morale et la force physique. La *couleur claire* ou *blonde* est l'indice, hormis les exceptions, d'une force et d'une énergie moins développées; de passions tendres, d'un esprit et d'un caractère pleins de douceur.

Les *cheveux roux* font pressentir des penchants cruels, un caractère violent, emporté, jaloux, très-irascible, et, parfois, fougueux. D'autres fois, au contraire, les roux sont patients, doux, tranquilles et d'une bonté remarquable. Ces contrastes, qu'offrent les sujets à cheveux roux, ont donné lieu au proverbe vulgaire : *Les roux sont tout bons ou tout mauvais*.

Enfin, les observations de tous les physionomistes, anciens et modernes, s'accordent sur ce point, que la masculinité ou tempérament de la force, de l'énergie, de l'intrépidité, se rencontre dans un *teint brun* et dans un *système pileux*, *brun* ou *noir*, très-abondant; tandis que les *teints blancs*, *clairs*, *rosés*, avec des *cheveux blonds* ou *cendrés*, appartiennent à la fémininité.

SIGNES OFFERTS PAR LA VOIX.

La clef, le ton, le mode et le timbre de la voix, dans l'échelle musicale, répondent à leurs analogues dans l'échelle morale; de manière qu'on peut appliquer à l'esprit et au caractère les qualifications propres à la voix.

Une voix *aiguë, plaintive*, fait reconnaître une âme faible et compatissante.

. .Une voix *grave*, *forte*, *uniforme*, révèle un esprit solide, un caractère égal et ferme sans dureté.

Une voix *haute*, à *timbre criard*, de même qu'une voix *basse* et *rude*, sont également l'indice d'un esprit difficile, d'un caractère hautain, peu aimable.

Une voix *sonore* et *douce* se rencontre ordinairement chez les personnes affectueuses, bienveillantes, et d'un commerce agréable.

La voix *double*, dans la même personne, c'est-à-dire une voix de *basse* et de *soprano*, dénote un caractère double et changeant, un esprit léger, peu solide; car ces deux voix réunies, chez le même individu, semblent dire qu'il peut être dominé par deux passions contraires.

La voix qui va toujours en *montant* désigne un sujet facile à s'emporter. La voix qui va, au contraire, toujours en *baissant*, annonce un caractère faible, se décourageant au moindre obstacle. Dans le premier cas, la tension des cordes vocales représente l'irritabilité; dans le second cas, le relâchement des cordes indique l'affaissement.

Les *fréquents changements de ton* annoncent de fréquentes inégalités dans l'esprit et le caractère.

SIGNES OFFERTS PAR LES MOUVEMENTS EXTÉRIEURS OU GESTES.

Si les gestes ne sont que la manifestation des mouvements intérieurs, ils devront être égaux à la force ou à la faiblesse de ces mouvements, et les rendre avec plus ou moins de fidélité. Le rapport entre les quantités de mouvements dépend, dans la machine humaine, comme dans toute autre machine, de la puissance et de la résistance. On peut, figurément, traduire la puissance par l'instinct, et la résistance par l'éducation ou le milieu dans lequel on vit. On sait que les personnes vives, irritables, emportées, et que l'usage du monde n'a pas redressées, ont la mauvaise habitude de gesticuler en parlant et de toucher leurs interlocuteurs, quelquefois même assez rudement. Les paysans expriment leur amour par des gestes dont la brutalité laisse souvent des traces; leurs caresses ressemblent à des coups, et feraient crier de douleur nos délicates citadines.

Les *mouvements durs, saccadés, brusques, anguleux*, annoncent un caractère irritable, impatient, opiniâtre, agressif.

Les *mouvements mal développés, lents, embarrassés*, indiquent un esprit inculte, lourd, stupide. Mais, si ces mêmes mouvements sont entremêlés de *mouvements vifs* et *bien dessinés*, ils dénotent la gêne, la timidité par le manque d'usage. Faute de cette distinction, il est facile de confondre un homme d'esprit, timide et gauche, avec un sot.

Les *mouvements doux, arrondis, modérés*, sont l'indice d'un esprit cultivé, d'un caractère aimable et de la connaissance parfaite des usages du monde.

Les *mouvements énergiques* sans brusquerie, *égaux* et *carrés*, annoncent la solidité de l'esprit et la fermeté du caractère.

Les *mouvements graves et larges* révèlent un esprit sérieux, réfléchi, et un caractère posé.

Les *petits mouvements prétentieux, visant à l'effet, coquets* en apparence, mais *compassés, symétriques* et sempiternellement les mêmes, donnent une idée fort triste de la valeur intellectuelle de l'individu.

Les mouvements du visage, et particulièrement ceux des yeux, retracent assez fidèlement les mouvements du cœur et de l'âme. On trouve dans l'*Hygiène du Visage* une étude fort intéressante du langage des yeux ; nous y renvoyons le lecteur.

En général, les *grands mouvements*, et surtout ceux du visage, sont regardés comme signes défavorables ; ils décèlent un sujet à passions violentes, et qui n'a point la force de leur résister. Les grands éclats de rire signalent ou une âme faible qui se laisse dominer par les événements, ou une âme pétrie de méchanceté qui se réjouit des malheurs d'autrui. On peut dire que la bonté et la sagesse sont en raison inverse de l'amplitude et de la durée du rire.

Les *fréquents changements* dans l'étendue, la force, la vitesse et la durée des gestes et mouvements, sont l'indice d'un esprit et d'un caractère très-mobiles.

Le physionomiste exercé, le praticien, considère moins la signification conventionnelle, ou acquise, que l'expression naturelle des gestes et mouvements. Son habitude de discerner les uns et les autres, lui permet de déterminer le genre, le degré, la durée des passions et affections de l'individu qu'il explore ; de deviner ce qui se passe en lui, et ce que seraient ses paroles ou ses actions s'il venait à parler ou agir.

Tels sont les aperçus physiognomoniques, débarrassés de tout détail inutile, que nous donnons à nos lecteurs, en leur renouvelant la recommanda-

tion d'être sobres de jugements précipités, et, surtout, d'être très-réservés dans leurs conclusions; car,
si la physiognomonie, sagement appliquée, est d'un
grand secours dans une foule de circonstances, elle
peut aussi, par des applications contraires, intem-
pestives, devenir la source d'erreurs fort déplora-
bles.

CHAPITRE XXVI

DE LA PHRÉNOLOGIE

Ou art de connaître les hommes par les éminences et dépressions du crâne.

Nous terminons ce traité d'hygiène par un rapide aperçu de l'art phrénologique, parce que nous croyons aux progrès de cet art dans l'avenir; progrès qui doivent indubitablement concourir au perfectionnement de l'homme par l'éducation des divers organes cérébraux.

La phrénologie est strictement la physiologie du cerveau, c'est-à-dire l'art de connaître, au moyen des divers organes qui composent le cerveau, les instincts, les sentiments et les aptitudes ou facultés intellectuelles.

Il n'est pas un instinct, pas un sentiment, pas une faculté, qui n'aient leur siége au cerveau; car, c'est de cet organe complexe qu'ils tirent tous leur origine.

Le développement normal et l'exercice régulier des organes encéphaliques assurent leur marche vers le but que s'est proposé la nature; — leur développement excessif et leur suractivité sont toujours une cause de désordre; — leur défaut de développement entraîne leur inactivité et les rend presque nuls.

Ce n'est point le cerveau qui se moule sur la boite osseuse du crâne, ce sont, au contraire, les os qui cèdent aux efforts incessants de la pulpe cérébrale. Du reste, personne n'ignore que, chez les enfants, la substance des os du crâne est très-molle, très-facile à déprimer, et ce n'est qu'au bout de quelques années qu'elle acquiert une certaine consistance.

Le cadre resserré de cet ouvrage ne nous permettant point de faire l'histoire de la phrénologie, nous dirons rapidement que, dès la plus haute antiquité, les médecins et philosophes firent des applications de cette science, sans cependant en connaître les bases. Leucippe, Démocrite, Socrate, Platon, Hippocrate, Aristote, Apollonius de Thyane, Galien, et, plus tard, Bernard Gerdon, Albert le Grand, Thomas d'Acquin, Mendini de Luzzi, Michel Huarte, J.-B. Porta, et beaucoup d'autres savants, entrèrent dans le domaine de la phrénologie et y plantèrent des jalons pour l'avenir. Enfin, Gall parut! Ce grand observateur devina la cause et indiqua le cerveau, comme point de départ des phénomènes phrénologiques. Ses importants travaux créèrent une science nouvelle et renversèrent les orgueilleuses hypothèses de la philosophie spéculative. Spurzheim, Broussais, Dumouthier, Vimont, Beraud, etc., exploitèrent la mine féconde que le génie de Gall avait découverte, et, aujourd'hui, malgré les spécieuses réfutations de Flourens, de Lélut et de quelques autres antagonistes de la phrénologie, cette science a, désormais, pris place à côté de ses sœurs aînées.

La phrénologie n'est point une science vaine, ainsi que beaucoup de personnes affectent de le croire ;

cette science repose sur l'étude approfondie du
cerveau et sur l'observation incessante de l'homme
à tous les âges, dans toutes les positions et circonstances de sa vie. Le phrénologiste prend l'être humain à sa naissance pour le suivre, pas à pas, jusqu'à la tombe ; et, pendant tout ce laps de temps, il
assiste à ses joies et à ses douleurs, à ses moments
d'espérance et à ses jours de désespoir ; il le suit dans
sa prospérité, dans sa grandeur et dans sa fortune
adverse ; dans ses triomphes, sa gloire, comme dans
sa chute, dans ses bassesses et son humiliation, il
l'observe dans ses bienfaits, dans ses vertus, ainsi
que dans son ingratitude et ses crimes ; il l'admire
sur le piédestal où l'ont placé l'admiration et la reconnaissance ; il l'accompagne sur le banc des assises
et sur l'échafaud où l'ont traîné ses infamies, ses
forfaits ! il devine les quiétudes de son âme et les
poignants remords de sa conscience. Enfin, rien n'é-
chappe à l'investigation du phrénologiste, il aperçoit,
débrouille, indique tout ce que l'homme est capable
d'entreprendre et de consommer ; il peut prédire,
d'une manière générale, ce qu'est l'individu dans
le présent et ce qu'il sera dans l'avenir.

Nous ne craignons pas d'avancer que la parfaite
connaissance des instruments qui font agir l'homme
physique et moral, est le grand moyen par lequel
l'humanité se perfectionnera ; et ce grand œuvre
commencera dès que les conseils de l'instruction
publique de toutes les nations populariseront la
phrénologie, en la faisant entrer dans le programme
des études.

La division phrénologique du cerveau la plus

simple, comme aussi la plus facile à saisir, est celle qui sépare la tête en trois grandes régions :

Première, région antérieure ou *frontale*, affectée aux facultés intellectuelles ;

Deuxième, région supérieure, où résident les sentiments ;

Troisième, région latérale et postérieure, où siégent les instincts.

Chaque région se divise encore en autant de petites surfaces circonscrites qu'il y a de facultés, de sentiments et d'instincts ; de telle sorte que le nombre des causes est égal à celui des effets.

Dans le tableau suivant, qui est le résumé de la doctrine de Gall, perfectionnée par Spurzheim, nous indiquerons par les mots :

NORMAL, — l'exercice régulier des fonctions de chaque organe encéphalique ;

EXCÈS, — leur suractivité et leurs désordres ;

DÉFAUT, — leur peu de développement et leur inactivité.

APPELLATION DES ORGANES.	BUT DE LEURS FONCTIONS. — RÉSULTATS.
	PREMIER GENRE. — INSTINCTS.
1 **Alimentation.** Instinct de manger.	*Normal.* — Nutrition de l'individu. *Excès.* — Gourmandise; gloutonnerie.
2 **Amativité.** Amour physique.	*Normal.* — Propagation de l'espèce. *Excès.* — Libertinage, lubricité, manie érotique. *Défaut.* — Froideur, indifférence aux plaisirs sexuels.
3 **Philogéniture.** Amour des enfants.	*Normal.* — Sollicitude pour les enfants. *Excès.* — Soumission aveugle aux caprices des enfants. *Défaut.* — Indifférence, abandon des enfants.
4 **Habitativité.** Amour de l'habitation.	*Normal.* — Lien qui lie l'homme au sol de ses pères. *Excès.* — Amour outré du pays; nostalgie. *Défaut.* — Indifférence pour le sol natal; vagabondage.
5 **Affectionivité.** Attachement.	*Normal.* — Amour de ses semblables; philanthropisme. *Excès.* — Nostalgie; chagrins persistants, état inconsolable après la perte d'un objet aimé. *Défaut.* — Indifférence pour tout ce qui nous intéresse; ingratitude.
6 **Combativité.** Courage, bravoure	*Normal.* — Instinct de sa propre défense et des siens; intrépidité. *Excès.* — Amour de la rixe; témérité. *Défaut.* — Timidité; poltronnerie.
7 **Destructivité.** Instinct de la destruction.	*Normal.* — Détruire à son profit, particulièrement pour se nourrir. *Excès.* — Cruauté, meurtre, assassinat, plaisir de verser le sang. *Défaut.* — S'oppose à la destruction.
8 **Sécrétivité.** Instinct à cacher.	*Normal.* — Cacher, tenir secret; circonspection, prudence. *Excès.* — Ruse, mensonge, hypocrisie. *Défaut.* — Crédulité; prédisposition à être dupe.

APPELLATION DES ORGANES.	BUT DE LEURS FONCTIONS. — RÉSULTATS.
9 **Acquisivité.** Désir d'acquérir.	*Normal.* — Instinct d'acquérir les choses nécessaires à la vie. *Excès.* — Cupidité, égoïsme, usure, fraude, passion du vol. *Défaut.* — Désintéressement, libéralité.
10 **Constructivité.** Instinct de construire.	*Normal.* — Instinct de la construction en général; adresse des mains. *Excès.* — Manie des constructions. *Défaut.* — Absence du désir de construire; peu d'adresse manuelle.

DEUXIÈME GENRE. — **SENTIMENTS.**

11 **Amour-propre.** Estime de soi.	*Normal.* — Estime de soi; appréciation de sa valeur. *Excès.* — Orgueil, fierté, insolence, vanité, présomption, suffisance. *Défaut.* — Bonhomie, humilité.
12 **Approbativité.** Amour de l'approbation.	*Normal.* — Désir de l'approbation des autres; émulation. *Excès.* — Ambition, amour des honneurs. *Défaut.* — Indifférence à l'opinion d'autrui.
13 **Circonspection.**	*Normal.* — Défiance, prudence, prévoyance. *Excès.* — Inquiétude, indécision, crainte. *Défaut.* — Caractère étourdi, évaporé.
14 **Bienveillance.**	*Normal.* — Amour du prochain, bonté, complaisance, charité, humanité. *Excès.* — Générosité mal entendue. *Défaut.* — Indifférence, froideur, égoïsme.
15 **Vénération.**	*Normal.* — Religion bien entendue; vénération raisonnée. *Excès.* — Bigoterie, fanatisme, intolérance. *Défaut.* — Incrédulité, scepticisme.
16 **Fermeté.**	*Normal.* — Comparaison, conscience, volonté ferme, indépendance. *Excès.* — Opiniâtreté, entêtement, obstination. *Défaut.* — Versatilité, esprit indécis, irrésolu.

APPELLATION DES ORGANES.	BUT DE LEURS FONCTIONS. — RÉSULTATS.
17 Conscienciosité.	*Normal.* Justice, conscience pure, loyauté. *Excès.* — Remords qui ne sont point fondés, scrupules. *Défaut.* — Négligence dans ses devoirs, conscience large.
18 Espérance.	*Normal.* — Espérance. *Excès.* — Manie des projets. *Défaut.* — Désillusion, désespoir.
19 Merveillosité.	*Normal.* — Sentiment du merveilleux. *Excès.* — Croyances absurdes : aux fables, à la magie, aux visions, apparitions, etc. *Défaut.* — Incrédulité, scepticisme.
20 Idéalité.	*Normal.* — Sentiment de l'idéal. *Excès.* — Exaltation, extase, manie. *Défaut.* — Positivisme; aspect naturel des choses.
21 Gaieté.	*Normal.* — Disposition à rire et à chercher le côté plaisant des choses. *Excès.* — Moquerie, raillerie, ironie, esprit satirique. *Défaut.* — Caractère sérieux.
22 Imitation.	*Normal.* — Faculté d'imiter, expression, mimique. *Excès.* — Bouffonneries, grimaces. *Défaut.* — Inaptitude aux arts d'imitation.

TROISIÈME GENRE. — **FACULTÉS INTELLECTUELLES.**

23 Individualité.	*Normal.* — Donne le sens des rapports et des différences des objets. *Excès.* — Personnifie des êtres fictifs; les vertus, les passions, la folie, etc. *Défaut.* — Désordre dans les appréciations des choses.
24 Configuration.	Cet organe douteux ferait connaître tout ce qui concerne la forme, et serait d'une grande utilité aux peintres, sculpteurs, mécaniciens, etc.
25 Étendue.	Faculté d'apprécier les distances, les surfaces, les hauteurs.

APPELLATION DES ORGANES.	BUT DE LEURS FONCTIONS. — RÉSULTATS.
26 Pesanteur.	Fait apprécier les différences de poids, de résistance, etc.
27 Coloris.	Donne l'aptitude à distinguer les couleurs dans leurs rapports de ton et d'harmonie.
28 Localité.	Cette faculté est une espèce de miroir qui réfléchit tout ce qui a frappé la mémoire et la vue.
29 Calcul.	S'applique à tout ce qui concerne les nombres. Son activité produit les mathématiciens ; son défaut rend inapte aux calculs.
30 Ordre.	Fait classer les objets ; rend soigneux, économe. Son excès rend compassé, vétilleux ; son défaut a pour résultat le désordre.
31 Éventualité.	Cette faculté lance l'homme à la recherche des faits où ils se trouvent, qu'ils soient vrais ou faux.
32 Temps.	Appréciation de la durée du temps, des mouvements, de la mesure, de la cadence.
33 Mélodie.	Fait juger les rapports des tons musicaux. L'activité de cet organe produit des musiciens et des poëtes.
34 Langage.	L'activité de cet organe donne l'élocution brillante, le plaisir de parler et la facilité de rendre ses pensées, d'exprimer ses idées.
35 Comparaison.	Son action normale produit le bon sens, l'esprit de discernement ; son excès porte à la métaphore, aux sentences ; son défaut rend l'esprit étroit.
36 Causalité.	Faculté d'analyser, de scruter, d'explorer pour se rendre compte. Son excès produit la manie de vouloir tout expliquer, et fait les songes-creux. La causalité, soutenue par la raison, éclaire les profondeurs de la science et produit les grands hommes ; c'est elle qui a fait les Pythagore, les Aristote, les Galilée, les Descartes, les Newton, etc. ; c'est à elle que sont dues les admirables découvertes qui ont dissipé les ténèbres de la superstition et fait avancer l'humanité.

TABLE DES MATIÈRES

CONTENUES DANS CET OUVRAGE.

CHAPITRE XIII.

CHAPITRE XIV.

CHAPITRE XV.

CHAPITRE XXIV.

CHAPITRE XXV.

CHAPITRE XXVI.

www.ingramcontent.com/pod-product-compliance
Lightning Source LLC
Chambersburg PA
CBHW032326210326
41518CB00041B/1212